藍學堂

學習‧奇趣‧輕鬆讀

EMPOWERED
Ordinary People, Extraordinary Products

矽谷最夯

產品專案領導力全書

平凡團隊晉升一流團隊的 81堂領導實踐課

MARTY CAGAN　**CHRIS JONES**
馬提・凱根／克里斯・瓊斯——著　陳文和——譯

謹將本書獻給比爾‧坎貝爾（**Bill Campbell，1940–2016**），

我們深愛的矽谷教練。

雖然過去曾和坎貝爾見過幾次面，但沒能幸運接受他的教練。

無論如何，我曾受惠於他教練出來的數名領導者，因此還是慶幸。

我逐漸了解，自己學習到關於領導力、授權賦能、

團隊和強大產品公司的課題，都要歸功於坎貝爾。

我期望他認可這本書，並對他的教練工作得以傳承下來感到自豪。

目次

業界好評

「任何一間偉大的公司，要不就是擁有卓越的產品力、要不就是累積非凡的品牌力、要不就是找到具有競爭力的商業模式，或是三者兼具。《矽谷最夯‧產品專案領導力全書》中許多觀念，對於當代企業邁向卓越，相當具有參考意義，推薦給每位創業家、企業家、及領導者。」

——程世嘉（Sega Cheng）， iKala 共同創辦人暨執行長

「在事業與職涯的發展上，表層的商業與獲利模式都不是成敗的關鍵，而是團隊領導與授權模式的運作才是。《矽谷最夯‧產品專案領導力全書》正是一本釐清團隊組織協作與分工的必讀之書，只有清晰地理解專案管理下的適切組織運作，成功才會可預期！」

——陳顯立，電通行銷傳播集團凱絡媒體商務長

「這是眾所期待的產品領導力指南。本書授予我工具、心態和務實的洞見，好卓越扮演自己的角色。我全心像閱讀《矽谷最夯‧產品專案管理全書》那樣，對本書愛不釋手。這是每位產品開發領導者，和有志成為領導者的人，書架上必備的書。」

——嘉柏麗‧布佛姆（Gabrielle Bufrem），
威睿（VMware）公司產品管理經理

「馬提‧凱根的《矽谷最夯‧產品專案管理全書》，激勵一整個世代的產品經理，打造出顧客鍾愛的產品，本書則提供領導者所需的藍圖，實現促成組織轉型、向團隊賦權的靈感。」

——馬丁‧艾瑞克森（Martin Eriksson），
在乎產品（Mind the Product）共同創辦人

「《矽谷最夯‧產品專案管理全書》向來是我的團隊創造更卓越產品的手冊。《矽谷最夯‧產品專案領導力全書》則是現今建立更強效團隊的指南。矽谷產品團隊出版的書，一向見解精闢，能夠立刻學以致用。」

——伊安‧凱恩斯（Ian Cairns），推特（twitter）研發者平台產品主管

「世上只有少數人具備足夠的經驗，可以重點闡述世界級產品開發團隊的祕訣。凱根和瓊斯的這本書做到了。這是每位產品開發領導者必讀的書。」

——懷葉‧詹金斯（Wyatt Jenkins），建築專案管理軟體公司
Procore 資深副總裁

「所有產品開發領導者，不！所有執行長和資深管理團隊，都應當閱讀本書。務必抓緊時機。」

——菲爾‧泰瑞（Phil Terry），合利（Collaborative Gain）公司創辦人；
《顧客在內》（*Customers Included*）合著者

「對於產品開發領導者，本書與《矽谷最夯‧產品專案管理全書》無庸置疑，都是科技產品管理方面最具影響力的必讀書籍。」

——菲利培‧卡斯特羅（Felipe Castro），
成果優勢（OutcomeEdge）公司創辦人

「我先前把《矽谷最夯・產品專案管理全書》，列為麾下產品開發團隊所有成員必修書籍之一，如今我也要將本書納入他們必讀書單裡。」

——喬卡・托雷斯（Joca Torres），Gympass 前產品長

「我推薦每位企業家和苗壯中的產品開發人員，研讀這本與《矽谷最夯・產品專案管理全書》同樣必讀的書。本書必定會成為經典。」

——翔・博耶（Shawn Boyer），GoHappy 與 Snagajob 創辦人

「本書入探討棘手、阻礙多數公司發展的組織與文化問題，提供了我企盼多時的經驗談和建言。」

——傑夫・帕頓（Jeff Patton），產品開發與設計教練

「我認識瓊斯逾十年。他是最出色的產品開發團隊領導者之一。曾為他效力的多位產品經理，後來也成為全球頂尖科技公司的傑出產品開發團隊領導者。假如你想師從最優秀人士，本書囊括了他們的課程。」

——道格・坎普強（Doug Camplejohn），Salesforce 執行副總裁與雲端客戶管理平台 Sales Cloud 總經理

「凱根再次憑藉智慧與獨到見解，將一流的公司、企業文化和領導者熔於一爐，並提出一套企業轉型原則。本書方便閱讀又易於應用，是所有產品開發團隊領導者，以及力圖更上層樓的領導人必讀的書。」

——查克・蓋革（Chuck Geiger），Chegg、IAC、PayPal、eBay、Wine.com 和 Travelocity 前科技長

「如果你是產品開發團隊，或整個產品開發組織的領導者，這本書非常適合你展讀。本書領先群倫，從領導者觀點著重論述了，優質產品開發團隊的深層哲學。書中眾多例證，使讀者能輕易理解各項概念並善加應用。」

——佩特拉・威利（Petra Wille），產品領導力教練

「凱根是全球最受敬重的產品開發團隊領導者之一，他帶領讀者展開引人入勝的閱讀之旅，全程有助於讀者成為更卓越的產品開發團隊領導者。本書能使領導者的表現盡善盡美，創造出使用戶和顧客滿意又心動的產品體驗。」

——張溪夢（Simon Zhang），Growing.IO 執行長

「本書對所有想了解最佳產品開發團隊運作方式的人開誠布公，揭示傑出產品公司不是戲法造就的。產品開發團隊的架構與領導力，創造了成功的條件。」

——荷莉・海斯特瑞莉（Holly Hester-Re Illy），
H2R 產品科學（H2R Product Science）公司創辦人

「要在不斷經歷破壞式創新的時代成長茁壯，公司必須加速創新步調，持續推出顧客中意的產品。唯有真正獲得賦權的產品開發團隊，才能推進更高階、貫徹始終的創新。在我們轉型為高度賦權產品組織的多年期間，凱根的洞見、務實的建言和智慧，彌足珍貴。凱根在本書提供了團隊賦權的基本藍圖。如果你想獲致非凡事業成就，並發展一套引以為傲的產品創新文化，這是你必讀的書。」

——夏敏・莫罕美（Shamim Mohammad），
車美仕（CarMax）資深副總裁、資訊長及科技長

「我很幸運曾與凱根共事多年，然而每當他發表新書或新文章，我依然興奮又憂懼，擔心著競爭對手是不是具備了，我們欠缺的全新產品開發技能？本書對症下藥，提供讀者創造優異產品的訣竅。凱根寫作手法巧妙，易於理解艱深的產品開發技能，不但不可或缺也切合實際。閱讀後有助於重新喚起你公司的活力。」

——傑夫‧川姆（Jeff Trom），Workiva 科技長

「當今所有科技公司的核心挑戰在於，如何成為具備永續競爭優勢、不斷創新的真正產品導向組織。本書能使公司主管與領導者們明瞭，公司的存續和蓬勃發展取決於變革。」

——弗瑞克－馬太‧費勒（Frerk-Malte Feller），Afterpay 營運長

「假如你百思不解如何確保公司永續發展，或是想不透產品失利的原因。我推薦你閱讀本書。這是一本教你如何打造永續卓越產品公司的『操作』手冊。」

——亞曼達‧李察森（Amanda Richardson），CoderPad 執行長

「凱根和瓊斯寫出了產品領導力的最佳著作。他們強調教練式領導力是關鍵領導技能，並詳述如何善盡教練職責。這是新進、有抱負和經驗老到的產品開發領導者務必研讀的書。」

——泰蕾莎‧托雷斯（Teresa Torres），
產品會說話（Product Talk）公司產品探索教練

「本書首要的議題是授權賦能。公司要授權賦能、在以產品為中心的文化中找到定位，因為從組織架構、科技、文化到教練等一切都源自於此。凱根的著作在體現這個觀念上無人能及。」

——普尼特‧松尼（PunitSoni），醫療語音系統 Suki 創辦人及執行長

推薦序

授權與賦能是組織最強競爭力

李瓊淑

　　近幾年來企業最熱門的話題就是數位轉型，期許透過數位轉型來達成提高效率、降低成本以及增加競爭力的目的。然而「數位轉型」真正的重點是「轉型」，數位只是在轉型過程中所使用的一種工具，很多企業都誤以為砸錢在數位工具上，公司就可以轉型了，這是一個很錯誤的觀念。

　　轉型成功與否，往往「人」占了絕對的關鍵因素，科技始終來自於人性，「人」才是最為重要的。從人的管理到組織職能探討，都是在解決管理問題，以期達到企業利益極大化。何謂管理？何謂領導？二者之間的差異為何？這是企業經營的必修課程，本書帶領讀者進一步了解「授權賦能」的思維框架。簡單的說，授權是指主管將職權或職責授權予部屬，使其對行使之工作負責；而賦權指的是，主管除了授權之外並且賦予其能力，使其能夠自主完成任務。二者最大的差別在於，賦權除了有權力下放外，主管還需要提升員工能力使他們成為最佳管理者。所以，數位轉型背後的主要核心是，如何授權賦能給員工，數位工具只是提昇他們的工作績效。

　　「成就他人的同時也就成就自己」，這是在授權賦能的組織裡，每

個主管應有的思維，也是企業需要形塑的組織文化。本書文中提到捨我其誰的責任感以及營造員工幸福感，都是在強調組織文化的形塑。營造幸福企業是每一家公司希望追求的目標，而我以需求理論的三感來詮釋員工與企業之間的關係。第一層是安全感，讓員工的生計得以保障；第二層是歸屬感，員工彼此凝聚向心力，不再單打獨鬥，而是團隊奮鬥。第三層是成就感，讓員工得到成就感的滿足。企業與員工除了是雇傭關係更是共存共榮，互利共享。當企業領導者有了三感的營造，企業的幸福感就自然形成，這也是科技永遠無法取代的暖度，也是組織最強的核心競爭能力。

研讀《矽谷最夯‧產品專案領導力全書》，透過二位作者及書中很多的案例分享，讓讀者可以深入探討企業管理相關棘手的問題，了解領導優質團隊如何授權賦能，在當今所有科技公司面臨挑戰的同時，如何具備核心競爭能力的真正意涵。本書是值得真心推薦的一本企業管理書籍。

（本文作者為台灣大車隊集團副董事長）

持續挑戰的賦權之路

陳威帆

作為 Fourdesire 的創辦人與執行長，也身兼許多產品領導責任的產品製作人，我的職業生涯可以簡單的分成三個階段：嘗試、證明與賦權。

在最早的「嘗試」階段，我們不停在市場中嘗試，希望可以透過打造一款能改變許多人生活的產品，來說明自己具備足夠的產品遠見與打造產品的實力。很幸運的，我們在 2013 年推出的產品大受消費者好評，超過千萬的使用者推動著我們前往下一個階段。

第二個階段是證明，這是一個遠比「嘗試」還更為困難的挑戰。作為產品負責人，我們得證明第一次成功推行的產品並不只是運氣。坦白說，身處第二個階段很容易讓人感到非常迷茫。為此我們努力研究、分析、測試跟學習，想要從自己跟市場身上，把前一次成功的經驗，轉化為可以複製的方法。第二階段所花費的時間跟精力，遠比第一階段長，才逐漸拆解出那些可以被記錄與傳承的產品心法，並透過這些方法與團隊一起打造出了後續產品，持續替市場帶來價值。

接著，我們進入了第三階段，也是本書的重點：賦權。

我們找到了市場的切入口，我們找到了設計與開發產品的心法，但我們必須跟團隊一起完成這件事情，才能打造出真正偉大的產品。在第三階段，我們需要透過各種管理方法，帶領不同的團隊，面對各種不同的產品目標，攜手合作打造出更有價值的產品。

我在 Fourdesire 員工手冊中說：「一個好產品，是由一個更好的團隊打造出來的！」領導團隊打造產品是一件困難的事情，而領導高效團隊創造有創意的產品是一件更困難的事情。當我們從一個產品團隊開始進行細胞分裂，變成兩個、三個甚至更多產品團隊的時候，本書中所提及的「教練式領導力」給了很強大的方針。作為一個創意公司的領導人，我們的權責絕對不是告訴大家正確答案是什麼，然後要求大家照著做，而是應該要先承認，我們不知道正確答案是什麼。

　　因為沒人知道正確答案，所以我們必須帶領一個聰明的團隊，在過程中不斷嘗試並且摸索正確答案。我們不會在獲得所有很棒的想法之後，才開始構建解決方案，我們會一邊構建解決方案一邊嘗試找到更好的想法，周而復始地逐步迭代我們的產品。

　　來自各種不同領域的專業人才，絕對是企業成長的基石。每個團隊都有來自工程、設計和藝術領域的人才互相合作，我們需要更多領導人才、更多溝通，才能夠協調團隊成員彼此協作。對於擁有決策權的領導者而言，如果要建立出「高效能」的開發團隊，他必須先認知到他所在的團隊能力和成功與否，並不只屬於個人，而應該是與「整個團隊」一起學習與進步。領導者必須從自己過去的經驗中做判斷，從成員的建議中尋找出與自己判斷相左的假設，在風險控制範圍內給予信任，充分授權來建立驗證流程。

　　賦予團隊權利，規畫好球場，並讓球員們能夠充分地在球場上發揮所長，是領導者份內的工作。

　　當創意發生時，你會發現充分的討論和溝通是創作完美產品最重要的步驟，有時候激烈的討論表示著有兩個都很棒的想法正在被激盪出火

花。那些躲在細縫裡等待被發掘、被救援的創意與在市場上具備獨一無二價值的產品們，都是需要領導人和團隊們一起努力，經過許多次的摸索、探索、打掉重練，才能夠慢慢抽絲剝繭找到他們的存在。

　　至今，我們仍然在持續挑戰第三階段，也會永遠挑戰下去。我相信，你也會和我一樣，在本書中得到許多收穫和啟發，成為一個優異的產品人，持續不斷推出有趣、創新、又討人喜歡的產品。

（本文作者為 Fourdesire 創辦人暨執行長）

有賦權的團隊，才有非凡、可競爭的產品力

游舒帆

在閱讀本書的時候，很多的畫面都歷歷在目，尤其是看到馬提·凱根說「產品團隊應該是個賦能團隊而不是功能開發團隊」這個觀念時，我心裡有很強烈的共鳴感。

這些年來擔任企業的產品團隊主管與企業顧問，我觀察到很多公司對產品團隊的定位就是功能開發團隊。在這種定位下，產品所有的功能、計畫，乃至發展方向都是由業務部門所決定，產品團隊基本上就是承接業務部門的需求，按需設計產品，並動手開發功能，至於產品的成果如何，與產品團隊無關，唯一與產品團隊有關的就是品質與時程。

這種團隊其實是一個代工團隊，而不是產品團隊，因為目標方向與他們無關，市場與他們無關，業績也與他們無關，對產品公司來說，這個團隊其實跟個局外人沒兩樣。

在這樣的定位下，產品團隊的士氣非常低迷，因為他們在會議室中就像個乙方，坐在會議室角落中，等著甲方交辦任務下來。同時，因為每個專案的時程都壓的很緊，團隊幾乎沒有時間做重構與償還技術債，所以產品的品質愈來愈差，bug 也愈來愈多，產品經常出問題，而產品團隊的主管則被大家推出來揹鍋，在每週的例會上被砲轟。

這樣的問題，其實不僅僅發生在特定公司，而是很多企業內部的常態。然而，產品是一家公司的根本，產品團隊則是產品的負責團隊，他

們需要對產品有使命感，要對他們所服務的用戶有使命感，唯有如此，產品才會卓越，公司也才會成功。

產品團隊的使命感從何而來呢？當他們認為自己正在做一件重要的事，而且在過程中有足夠多的主控權以及責任，這種狀況下，產品團隊就會從傭兵角色轉變成傳教士角色，從被動等待交辦的角色轉變成主動創造的角色。簡單的說，這是一個被賦權（empowered）的功能團隊，也才是一個能面對多變與高度競爭市場的團隊。

本書作者除了談論應該賦權產品團隊外，也提到了關於產品經理的領導力，而且特別強調教練文化與引導的重要性，這些都是當代產品團隊管理非常重要的元素，如果你對於帶領產品成功感興趣，你很重視賦權他人，或者，你希望打造一個有高度使命感的團隊，那這本書是很好的導引，相信不會讓你失望。

（本文作者為商業思維學院院長）

平凡團隊晉升一流團隊的關鍵

夏松明（PM 大叔）

　　再次受《商業周刊》邀約為矽谷知名產品管理大師馬提‧凱根的新書撰寫推薦文，內心十分開心與激動，因為又可以閱讀到產品管理相關的好書囉！

　　已經看過《矽谷最夯‧產品專案管理全書》的朋友們，應該對於作者寫作的手法印象深刻，「總是能將艱深的產品開發技能，轉化成簡單易懂的話語，不僅是產品人不可或缺的知識，也點出卓越企業實際運作的成功關鍵。」，相信多數 PM 們看完此書後，內心應該會想：「如果自己公司內部的產品開發，也能落實作者在該書所提及的實務做法，那該有多好啊！」

　　然而，理想與現實總會有落差，作者也發現到「在許多公司，即使是那些力圖提供真正優異科技產品和服務的公司，產品開發團隊未獲允許以所需方式做事的情況，屢見不鮮。」於是，新作《矽谷最夯‧產品專案領導力全書》遂油然而生了！

高效「產品領導力」的重要性：獲得「賦權」的產品開發團隊

　　在本書中，作者將「產品領導力」定義為「產品領導者與管理者、產品設計領導者與管理者，以及工程領導者與管理者的能力。」換句話說，在組織內部，一個產品的完成，團隊至少需要三種成員：產品經理、產品設計及工程師。此外，作者也指出身為產品領導者的四大職責，分

別是產品願景、團隊拓樸結構、產品策略及傳產品福音。但遺憾的是，多數企業的產品領導者並未充分展現出其應具備的職責，也就是產品開發團隊並未真正獲得「賦權」。

簡單來說，所謂的「賦權」就是一種「有效的授權」（Effective delegation）或「成功的授權」（Successful delegation）。筆者過去見過很多公司在專案上的授權，最終結果不是失效就是失敗，而這當中最大的肇因就是缺乏「當責」（Accountability）這種核心概念與工具。對應到新產品開發來說的話，PM 如果沒有擁有權（Ownership），自然就不會「當責」，當然也就很難真正達到「賦權」的精髓與團隊組織的運作。

誠如作者所言：「在獲得賦權的產品開發團隊裡，產品經理有明確的責任，就是保證解決方案具有價值（顧客願意購買產品或選擇使用它），而且商業上具體可行（符合商業需求）。」

是以，在整個產品生命週期間，產品經理除了要做好「賦權」的角色之外，還必須不定期將新產品相關的市場與技術專業知識呈報高層主管，以利決策時所需。唯有如此，方能引領新產品邁向成功。

平凡團隊晉升一流團隊三大關鍵

對於未來想從事或轉職成產品經理一職的新手 PM 們來說，《矽谷最夯‧產品專案管理全書》一書是讓產品經理知道如何打造出顧客喜愛的產品，而《矽谷最夯‧產品專案領導力全書》則是用更高的角度來闡述：如何提供企業產品領導者所需的產品藍圖及充分「賦權」的開發團隊，以實現並促成組織轉型。

根據作者的觀點論述，筆者歸納出「從平凡團隊晉升一流團隊」的三大關鍵（除了是本書閱讀的要點之外，也是企業轉型不可或缺的要項）：

(1) 科技管理與人員配置

為何多數公司的「轉型」成效不彰？

作者直接點出原因，「許多公司對待資訊科技的心態十分老派。他們將資訊科技（IT）視為必要，而非促成商業的核心利器。」這點和筆者的看法雷同。在「數位轉型」的變革當中，IT 單位的支援配合，扮演非常重要的角色。不僅是人力資源需求的增加，更多的是專業技能的強化。因此「適者生存，不適者淘汰」應該是企業需要盤點 IT 人力的重要項目之一。

此外，公司的管理者也必須明白，「他們肩負著親自招募人才、確保面試和錄用流程嚴謹的職責，也願意負責新進人員入職培訓，以確保他們獲得成功。」

(2) 產品策略與產品願景

作者用反諷的方式道出，「如果說多數公司的產品策略很弱，未免有失公平，因為事實上他們根本毫無策略，只是努力運用人員、時間和技能，盡可能取悅最多的利害關係人。」

筆者認為，產品策略是一種由上而下（Top-down）的決策過程，身為產品領導者必須告訴產品開發團隊成員：為何而戰、為誰而戰。此外，公司也必須要有一個可以激勵人心且扣人心弦的產品願景，以團結組織內部團隊為了對顧客有意義的共同目的而奮鬥。

(3) 賦權團隊與目標管理

被充分「賦權」的產品團隊，最終目標就是想出最佳解決方案，並對結果負責。工程師不斷摸索運用新科技的新方法，更完善地化解顧客的問題。設計師持續致力提供不可或缺的顧客體驗。產品經理負責為解決方案，確立價值和商業可行性。衡量「賦權」成效的最有效方法就是，

確認團隊有無能力敲定最佳解決方案以達成目標，而非濫用 OKRs 制定出無效的目標管理。

產品領導者必須讓產品經理有足夠的自信和安全感，才能真正做到「賦權」給部屬，並且在團隊成功後退居一旁，不去搶團隊的功勞。

心得結語

「領導力攸關認清每個人都有不凡的潛質，領導者的職責在於，創造能夠造就卓越的環境。」這是矽谷傳奇教練比爾·坎貝爾對於領導力與領導者的看法與價值觀，也是本書作者想要藉此傳達：企業如何創造出頂尖公司及卓越團隊的環境。

「教練」是管理者基本的能力要件，也是產品領導者的重要職責。管理者至少要每週對直屬部屬，進行一對一教練。管理者最重要的職責是，幫助部屬發展技能，包含了解部屬的弱點並協助他們提升能力、以所學指導他們、輔助他們排除障礙以及了解事情的全貌。

呼應作者所言，一個未被充分賦權的產品開發團隊，不僅無法完成產品的交付及商業成果，更遑論達成企業轉型的目標。如果你的公司正在探索創新或是在轉型的道路上不知道如何著手，筆者衷心推薦此書給大家！期許每家公司能在 VUCA 時代，重新體驗到產品管理制度的重要性。這不僅是培育出更多產品經理的種子，更是要成為不同凡響的產品領導者。

（本文作者為 PM Tone 產品通創辦人、臉書社團「產品經理菁英會」創始人、NPDP 產品經理認證培訓講師）

第1篇

頂尖科技公司的啟示

　　我的首部著作《矽谷最夯·產品專案管理全書》，探討最優質公司的強效產品開發團隊，如何運用現代產品開發技巧，以兼顧客戶愛好和商業可行性的方式，化解各種難題。

　　那本書帶領我和矽谷產品團隊夥伴，涉足遠超出矽谷範圍的更多組織。從而得知最引人注目的事情：在許多公司，即使是那些力圖提供真正優異科技產品和服務的公司，產品開發團隊未獲允許以所需方式做事的情況，屢見不鮮。

　　我們體認到卓越的團隊開發出成功的產品，不只歸功於成員運用的技能，更深層的關鍵是，公司的運作方式要出類拔萃。

然而，我們發現不少公司都有不足之處。

科技的角色

許多公司對待資訊科技的心態十分老派。他們把資訊科技視為必要代價，而非促成商業的核心利器。他們的科技團隊成員，實際上是「為企業服務」，科技管理者和領導者的職責在於，促進科技團隊為公司效勞。在某些「數位」事業單位，科技團隊更被束之高閣。科技團隊和真正的顧客脫節。事實上，公司期勉團隊把利害關係人當成客戶。

企業教練

多數公司鮮少積極教練科技團隊成員。管理者即使有意教練團隊部屬，也往往因為欠缺相關經驗而無能為力。問題因而持續無解。

人員編制

很多公司承認人員配置不符需求，但對於如何改善，以及產品開發人員應具備什麼條件，相關觀念極不正確，以致解決問題遙遙無期。

產品願景

多數公司難得有啟發人心又扣人心弦的產品願景。他們早年可能有過令人振奮的願景，但在創始人離去後，隨之煙消雲散。科技團隊成員因而覺得自己是在功能開發工廠（feature factories）做事。

團隊拓樸結構（Team Topology）

科技人員被畫分成多個團隊，他們以為不必對任何有意義的事物負責，也自認只是無足輕重的人，如果其他團隊沒有改變，他們也無從發揮。

產品策略

如果說多數公司的產品策略很弱，未免有失公允，因為事實上他們根本毫無策略，只是努力運用人員、時間和技能，盡可能取悅最多的利害關係人。

團隊目標

很多公司知道谷歌運用「目標與關鍵結果」（Objectives and Key Results，OKRs）系統來管理，而他們的執行長看了一段影片或讀了一本書後，就自認那套管理方法易如反掌。於是他們著手去做，把 OKRs 強加於現有的產品路徑圖和企業文化上，每一季都規畫了目標，但幾週之後，就對大部分季度目標置之不理。在公司各個團隊多數成員看來，這個管理方法的效用微不足道。

企業內部關係

科技團隊和公司其他部門關係不融洽。利害關係人與主管階層互不信任，甚至根本不信任科技團隊。科技團隊成員自覺像是公司裡沒人賞識的傭兵。

獲得賦權的團隊

最糟糕的是，團隊未獲得賦權去解決，兼顧客戶愛好且商業可行性的問題，於是無法對結果負責。團隊的產品經理實際上是**專案**經理，負責引導團隊落實產品待辦清單各個項目（backlog items）。設計師和工程師只承擔設計，以及為產品路徑圖各功能的開發項目寫程式。

團隊缺乏動機，沒有主導權，也罕有創新精神。很容易看出，許多公司是時候該推動破壞式創新了。因為他們開發產品的方式，全然不能和頂尖產品公司相提並論。❶

最使我震驚的是，卓越公司運作方式以及如何在財務上獲致成功，早就不是無人知曉的祕密。因此我們不禁要問，為什麼多數公司沒有群起效尤？

就我的經驗來說，很多公司不是不願意轉型，而是轉型實屬不易。他們實在不知道該怎麼著手，甚至也不明白轉型的實質意義。

其實，他們需要的是獲得賦權的產品開發團隊。讀者們可能不會使用賦權這個名詞，甚至不清楚各種不同科技團隊之間的差異。然而，假如貴公司和前面描述的情況相似，我必須分享一些非常殘酷的真相：

- 首先，公司以現行運作方式獲得重大商業成果的機會微乎其微，更遑論實質創新。

- 其次，公司客戶會成為有先進運作方式的競爭對手，例如亞馬遜

---

❶ 明確說，我們在遠超越矽谷範圍的上海、墨爾本、特拉維夫、倫敦、柏林、班加羅爾等地，發現了一些非常強大的公司，也在舊金山核心地帶察覺到一些很弱的公司。本書將著重凸顯頂尖公司和其他公司之間的差異。

（Amazon）的攻擊目標，因為這些公司深諳顧客鍾愛而且商業上可行的產品。

- 再則，公司員工的才華和能力被大肆浪費，而且最出色的員工、那些公司亟需賴以維生和茁壯的人才，也可能另謀高就。
- 最後，如果認為採行敏捷（Agile）開發方法，就完成了某種數位轉型，我必須遺憾地指出，貴公司的轉型甚至還沒起步。

我期望各位閱讀本書，是出於相信必定存有更完善的方式。也確實有的。

第 1 章

每家卓越公司的幕後

　　本書我要分享和強調，頂尖公司創造科技產品的方法，和多數公司大相逕庭。二者之間存在有目共睹的根本差別。

　　這些差異當然包括「產品文化」，然而即使是那些強效產品公司，彼此之間往往也有截然不同的文化，因此最優質公司和一般公司天差地別的關鍵，顯然遠超越文化。例如，亞馬遜、谷歌（Google）、蘋果（Apple）與網飛（Netflix）這四家非凡的產品公司，多年來持續推陳出新，但各自的文化大異其趣。

　　我相信文化格外重要，然而卓越產品公司另有更為根本的特質。那就是以與眾不同的方式，看待科技扮演的角色、科技人員的目標，以及期勉科技人員合作解決問題。儘管這四家公司彼此文化迥異，卻也具有共同最關鍵的要素。

　　我將努力理清這些公司各項文化特點以區別，哪些偏向反映公司創辦人的人格特質，哪些則對於公司持續創新不可或缺。我會把頂尖公司出類拔萃的祕訣分享給大家。

　　多數最傑出的公司有一項令人驚奇的共通點，那就是他們都曾以傳

傳奇教練比爾・坎貝爾為師。坎貝爾在蘋果、亞馬遜、谷歌等公司成形時期，擔任過創辦人的企業教練。為了使大家理解坎貝爾的看法和價值觀，以下引述他闡釋「強效產品公司領導力的角色功能」所說的一段話，這也是我最鍾愛的金句：

「領導力攸關認清每個人都有不凡的潛質，領導者的職責在於，創造能夠造就卓越的環境。」

本書主旨正是探討，怎麼創造坎貝爾所說的環境，大家可以考慮著手採行相關的重要實踐和作為。請注意，我並不主張這些卓越產品公司是完美典範。他們的一些政策和做法，都曾受到大眾公允的批評。❶

但是，就持續創新的能力來說，這四家公司的實力有目共睹，我相信從中學習將會獲益無窮。最重要的是，掌握這些公司超越其他公司的三大關鍵：

- 第一項，以非凡的方式看待科技的角色。
- 第二項，產品領導者扮演著優異的角色。
- 第三項，對產品開發團隊（產品經理、產品設計師和工程師）的目標有更勝一籌的看法。

我們來仔細檢視一下這些差異。

---

❶ 針對這些公司的政策有一些堅定又無畏的批評，請掃描 QR code 參閱史考特・蓋洛威（Scott Galloway）教授的文章。

科技的角色

對於科技的角色和目標，卓越公司的想法與多數公司天壤之別。

最根本的層次是，很多公司認為科技只是必要的花費。他們固然知道科技重要，但更把科技視為商業成本，而且覺得最好能夠委外。基本上，許多公司不認為自己是科技業者，而認定自身是保險業、銀行業或運輸業者等。他們的營運當然借助科技，然而對他們來說，科技就只是扮演有助於企業經營的角色。因此，我們常會聽到多數公司表示，科技團隊存在的作用，只是為企業服務。

與此相反，在強效產品公司，科技不是一項開銷而是商業。科技實現了他們提供給顧客的產品和服務，同時賦予產品和服務力量。科技也使這些公司能夠利用當下可做到的方式，為顧客解決問題。

不論產品或服務是一份保單、一個銀行帳戶，或是通宵的包裹遞送，都徹底有了科技支援。因此，頂尖產品公司開發團隊的目標在於，創造顧客鍾愛且商業上可行的產品。

非凡與平庸的差異意義深遠，幾乎影響公司一切事物和運作方式，並且會觸發更高度的動機與士氣。最重要的是，能促成顧客和公司更高層次的創新和價值。

高效產品的領導力

多數公司普遍欠缺真正的產品領導力。他們的產品領導者主要扮演促進者的角色，負責內部（甚至更糟的委外）功能開發工廠人員編制，以及確保部屬準時完成任務。

多數公司沒有產品策略。請注意，並不是說他們的策略不中用，而是說他們真的**毫無**策略。多數公司的功能開發團隊，純粹是為了「服務企業」而成立。他們追求或納入產品路徑圖的事物，當然有商業上的道理，但卻鮮少擬定產品策略，甚至非常欠缺建構策略所需的技能或資料。

　　公司的利害關係人最終只能給予產品開發團隊，季度內或年度內必須完成的功能開發優先清單和專案。因此，即使有所謂的「產品策略」，事實上也只是力圖盡可能迎合公司而已。

　　過去十到二十年間，當科技產品公司陸續採行敏捷開發方法，有不少管理者和領導者質疑過，他們仍然是團隊的必要人物嗎？畢竟根據預測，團隊成員在工作上將會扮演更積極的角色。

　　我了解這麼說和多數人的直覺相違，然而在轉型成真正獲得賦權團隊的過程裡，雖說確實必須拋棄舊有的「指揮與控制」（Command-and-control）管理模式，但這不是指減少領導者和管理者的需求，而是意味著需要更傑出的領導者與管理者。

　　在老派的指揮與控制管理作風下，管理者的工作（通常是微管理）事實上較容易些。畢竟指派任務或產品功能開發清單給團隊，以及要求他們盡快完成工作，並不是難如登天的事。

　　雖然這是管理者駕輕就熟的管理方法，卻無法打造出有意義、獲得賦權的團隊。相較之下，傑出產品公司的產品領導者，都是公司裡最具影響力的領頭羊。他們負責產品開發團隊的人員編制和教練；他們掌管產品策略與策略的推行；他們也擔當管理工作以確保成果。

　　獲得賦權的團隊仰賴老練的產品經理、設計師和工程師，而公司領導者與管理階層負責招募、聘用以及教練這些人員。

而且，公司要有目標明確又鼓舞人心的產品策略，一切奠基於質量兼備的洞見，這是產品領導力最關鍵的要素之一。

獲得賦權的產品開發團隊

多數公司的科技團隊，都不是獲得賦權的產品開發團隊，只是我所稱的「功能開發」團隊。功能開發團隊表面上和產品開發團隊相似。二者都是跨功能團隊，也都擁有產品經理、設計師以及若干工程師。差別在於，功能開發團隊全力執行功能開發和專案（產出），並沒有獲得賦權，也無須對結果負責。

功能開發團隊，首先設計產品路徑圖的各功能開發項目，或許也著手一些易用性測試，然後執行打造、品質保證測試以及功能部署（交付）。

這些功能開發團隊有時宣稱，自己有從事一些產品探索工作，但實際上很少這麼做。他們被告知應採行什麼解決方案；他們未獲得賦權以主導解決方案。他們的工作只是設計和寫程式。

在這些功能開發團隊裡，通常會有一位產品經理，但他的主要職責是專案管理，確保各功能開發項目順利完成設計和交付。這或許有必要，但算不上是產品管理。

這類團隊被動接受或被迫提出，功能開發項目路徑圖和專案，因此專注的焦點是交付功能開發項目。團隊的作用就是產出功能開發項目。即使有人抱怨產品沒有商業成果，又能向誰問責呢？

與此相反，強大產品公司的團隊旨在解決問題，而不是打造功能開發項目，最重要的是，他們獲得賦權得以自身發現最適切的方法化解難

題。而且，他們必須勇於當責交出成果。

在獲得賦權的產品開發團隊裡，產品經理有明確的責任，就是保證解決方案具有價值（顧客願意購買或選擇使用產品），而且商業上具體可行（符合商業需求）。設計師則負責確保解決方案的易用性，而技術主管職責在保障解決方案切實可行。這樣整個團隊才能夠協作，好應對全部的風險（價值、實行性、易用性和商業可行性風險）。他們共同解決問題，也一起對結果承擔責任、當責不讓。❷

最後總結，功能開發團隊與獲得賦權產品開發團隊的差異：

- 功能開發團隊是跨功能團隊（有一位產品經理主要負責專案管理、一位設計師加上多名工程師），他們受命負責功能開發項目或專案，而非處理待解決的問題，因此作用全然在於產出，而不是獲致商業成果。

- 獲得賦權的產品開發團隊也是跨功能團隊（有一位產品經理、一位設計師和多名工程師），但與功能開發團隊相比，他們被指派的是待解決的問題，並且獲得賦權以提出（依結果來衡量）可行的解決方案，而且對結果勇於當責。❸

---

❷ 明確說，設計師和技術主管的貢獻，遠超越單純的確保易用性與實行性。我要強調的是，由誰來為每一項風險負責和當責。

❸ 事實上，還有第三種類型的科技團隊，通常被稱為「交付團隊」（或「開發團隊」、Scrum 團隊）。交付團隊甚至不被當成真正的產品開發團隊。他們不是跨功能團隊，也沒有獲得賦權。這類團隊有產品負責人（執掌產品待辦清單管理工作），以及一些工程師。他們的任務純粹是產出（寫程式和交付）。如果你運用類似大規模敏捷開發架構的流程時，老實說，我不明白你為何想要閱讀本書，因為這裡講述的是在哲學和實務上都截然不同的事物。

深入閱讀｜產品探索

假如你還沒讀過《矽谷最夯・產品專案管理全書》，那麼你可能想知道：由企業主與利害關係人來決定產品路徑圖會有什麼問題呢？工程師應打造什麼樣的產品呢？

我們認為，最優先也最重要的產品探索原則是：顧客和利害關係人沒有能力指示我們應打造什麼樣的產品。

這不是因為顧客和利害關係人不夠聰明或知識不足，而是出於以下兩個原因：

- 第一，顧客與利害關係人不清楚當下能做到什麼。他們不是「賦能科技」（enabling technologies）專家，因此不可寄望他們知悉最佳解決方案，也不能期盼他們明瞭問題是不是有解答。常見的情況是，顧客和利害關係人對於可能解決問題的創新方法，毫無概念。
- 第二，科技產品很難事先預料哪些解決方案切實可行。產品創意發想最終沒能如願取得成果的原因，難以計數。我們常會因為某些創意發想而雀躍不已，但顧客卻反應冷淡，甚至不買我們認為會受青睞的產品。有時我們領悟到，某項創意發想其實存有重大的隱私或安全問題。偶爾我們發現，某個創意發想需要比預計更長的時間才能實現。

獲得賦權的產品開發團隊能理解這些固有的問題，也明白產品探索攸關找出，顧客鍾愛且商業上可行的解決方案。我們稱為「產品探索」，是因為了解無法事先預知，也是強調任務在於探尋有價值、易用性、實行性、商業上可行的解決方案。

第 2 章

科技的角色

　　我保證本書內容非常務實，可以直接應用於之後討論的一切事物。但在這個章節，請容許我談論一些必要的哲學問題。

　　我們能輕易看清，功能開發團隊和獲得賦權的產品開發團隊之間的差異。我們也可清楚分辨，哪些公司團隊是為了服務企業而存在，哪些公司團隊是為了商業上可行的服務顧客方法應運而生。

　　此外，一家公司只是試圖盡可能取悅最多的利害關係人，還是擁有明確又有企圖心的產品策略，也是顯而易見的事情。儘管這些差異昭然若揭，導致的成因並非不言自明。假如我們期望拉近與頂尖公司之間的差距，就必須找出造成懸殊的根源。

　　大約十年前，馬克‧安德森（Marc Andreessen ）發表了〈何以軟體正吞噬世界？〉（*Why Software Is Eating the World*）❶，正是我們那時代最重要的文章之一。文中講述了，為何科技將促成幾乎所有產業重大的破壞式創新。安德森說出了我一直以來依據工作經驗形成的見解，主

❶　馬克‧安德森的文章有興趣的讀者可以掃描 QR code 閱讀。

要關於破壞式創新者，但偶爾兼及面臨創壞式創新威脅的人。

文章發表十年之後，我們可以看清安德森真的非常有遠見。儘管如此，多數公司似乎沒有真正了解他提出的種種警示。也確實如此，各行各業現今全都在軟體上投注了更多經費。他們多數也都採行了敏捷開發方法。然而，他們泰半沒能完成具有實質意義的轉型，尤其多數公司沒有欣然接受科技是商業賦能者（business enabler）的事實。很不幸地，這方面的實例俯拾皆是。

最明顯也最惡名昭彰的近例之一，飛機製造商波音（Boeing）公司。該公司無能的領導階層，採用的軟體造成令人震驚的 737 MAX 危機風暴 ❷。波音最根本的錯誤在於，將科技視為必要的成本，而沒有使科技成為企業核心能力，以供應最安全、燃油效率最高、成本效益最佳的飛機。他們為了省一些錢，決定把科技委外，而不編制一個獲得賦權的產品開發團隊，持續致力於提供最安全、燃油效率最高、極其關鍵的飛行控制軟體。

這並不是航太業界才有的問題。汽車業界的心態在過去數十年間也深受其害 ❸，直到特斯拉（Tesla）出現並證明，以科技作為電動車的核心、不把科技當成必要的成本，才真正為業界帶來了可能的發展。特

---

❷ 2019 年 3 月 10 日衣索比亞航空一架波音 737 MAX 8 型飛機在起飛階段墜毀，由於該空難與 2018 年 10 月印尼獅子航空 610 號班機空難有共同之處：機齡不足半年的 737 MAX 8；起飛階段失事；疑似因感測器故障或飛行系統過度反應，導致機師與導航對抗而失速墜毀。事發以來，波音因為軟體設計瑕疵無法修復而全面停產。https://www.bloomberg.com/news/articles/2019-06-28/boeing-s-737-max-softwareoutsourced-to-9-an-hour-engineers

❸ 相關資訊請參考曾在通用汽車、寶馬、福特、克萊斯勒四家全球頂級汽車巨頭擔任高管的鮑伯・盧茨（Bob Lutz）作品《車友與計數器》（*Car Guys vs. Bean Counters: The Battle for the Soul of American Business*, New York:Portfolio/Penguin, 2013）。

斯拉遠不止在導航與車用娛樂系統上以科技為核心，還運用空中下載（over-the-air）技術定期更新軟體，確實做到了使電動車與時俱進、不會隨著時間推進逐漸貶值。請各位深思一下這件事情。

皮克斯公司（Pixar）使電影工業見識到，當科技成為動畫電影長片的核心要素，而非只是必要成本時，會有多大的實質潛能。皮克斯運用科技的方式，遠超越傳統電影製作過程，皮克斯科技團隊的價值和創意發想團隊，等量齊觀。

眾所周知，皮克斯是迪士尼（The Walt Disney Company）旗下成員，而迪士尼擁抱科技，促成了眾多既有事業徹底脫胎換骨。這包括他們影響深遠的主題樂園，以至新近推出的 Disney+ 影音串流服務。在保險、銀行、健保、電信、教育、農業、運輸與國防工業等業界，也正發生相同的事情。

當我與沒能跟上趨勢的公司執行長們餐敘時，他們往往會告訴我，自家不是科技公司，而是保險公司、健保公司、農業公司……。我則向他們指出，「假如我是亞馬遜或蘋果公司的產品領導者，我們會堅決地競逐你們的市場，因為我們相信，你們對廣大市場提供的服務並不周到。借助適合的科技，我們能夠有聲有色地提供你的客群，更加完善的解決方案。」

在談論如何成立以賦能科技為核心的團隊好優化未來的創新之後，我還打賭跟這些執行長說，他們將沒有能力應對我們的競爭，因為他們會為了保護既有事業而疲於奔命。

這些公司的執行長不是不佩服亞馬遜和網飛等公司的成就，相反地，他們通常甘拜下風。問題是，他們不懂得如何善加利用這些公司的

啟示，也不了解馬克・安德森試圖警示他們的事情。

當然，他們領略遲鈍的可能原因林林總總。有些是在老派的商業界翻滾太久了，需要更長的時間來調整、面對變局的思維。有些讓我不禁覺得，他們畏懼科技。有些是則抗拒改變。然而，這些終究只是藉口。這些公司的董事會理當鞭策他們的執行長，好確實發揮領導力。

更讓人啼笑皆非的是，這些公司在科技方面的花費，幾乎遠超過實際所需。事實上，這些不了解科技真正作用的公司，在這方面浪費的錢無人能及。

我向他們表明，與其外包給數百甚至數千名如同傭兵的工程師，然後給予他們來自利害關係人、鮮少產生必要商業成果的功能開發路徑圖，不如借助人數顯著較少、但具備權能的團隊。獲得賦能的團隊必須解決公司與顧客問題，並對結果當責不讓，獲取更好的收益。

無論如何，要躋身當今頂尖公司之列，資深領導者務必要了解科技真正的、不可或缺的作用。

深入閱讀｜科技領導者

要了解一家公司如何看待科技，有一個屢試不爽的方法，那就是檢視該公司打造產品的工程師，究竟是對資訊長／資訊科技主管，還是向科技長／工程主管回報工作。這看似不足掛齒的議題，我卻明白它對於轉型構成的障礙，遠比多數公司意識到的還

要嚴重許多。

常言道，每位資訊長都有獨一無二的個性。當然這並非絕對的事情，但值得我們認真、誠實思考。而且，我們應了解一件重要的事，那就是資訊長的工作（管理資訊科技部門）既關鍵又很棘手。

問題在於，資訊長是為企業服務的角色。強勢的資訊長終究容易成為阻礙公司轉型企圖的人。我認為很難讓資訊長，甚至是強大的資訊長，讚賞（更遑論調適）獲得賦權的產品開發團隊的心態、方法與實踐。

特別棘手的是，很少有產品工程師（公司寄託未來的人）願意為資訊長效力，因為他們知道彼此的心態南轅北轍。為資訊長效力的工程師扮演的角色，與科技長手下的工程師大相逕庭。這體現了資訊長的功能開發團隊、以及科技長獲得賦權的產品開發團隊的差異。

我曾期勉某些企業把資訊長的職位變更為科技長（因為我相信該資訊長能夠勝任更大角色的諸多挑戰），而在其他個案，我則強烈建議執行長聘用一位名實相副的科技長來領導產品工程。

第 3 章

高效產品領導力

　　本書的核心在於闡明高效產品領導力很重要。明確地說，「產品領導力」意指產品領導者與管理者、產品設計領導者與管理者 ❶，以及工程領導者與管理者的能力。

　　在本章的討論中，我會區別領導者和管理者。當然，有許多領導者兼任管理者，也有不少管理者同時是領導者，然而即使同一個人身兼這兩種角色，二者的職責仍然不盡相同。

　　整體來說，我們期望領導者能鼓舞人心，也寄望管理者具有執行力。

領導者的角色：啟發人心

　　健全的領導力當然是一項重要主題，而卓越產品公司的領導力與多數公司有天壤之別。高效領導力的目的在於激勵人心和給予組織動機。

---

❶ 本書提及的產品設計角色與產品設計師頭銜，在許多公司被稱為用戶體驗設計師或顧客體驗設計師。重要的是，我把服務設計、互動設計、視覺設計以及各種裝置的工業設計都納入其中。

如果要對產品開發團隊賦權來優化決策，就必須提供做出好決策所需的策略脈絡。屬於策略脈絡的企業宗旨（使命）和企業關鍵目標等，源自於資深領導者。產品領導者的角色有四大明確的職責：

產品願景和各項原則

產品願景描繪我們力圖創造的未來，最重要的是，願景將如何增進顧客們的生活。產品願景就是產品組織的共同目標，通常著眼於三到十年後的遠景。

各公司跨功能、獲得賦權的產品開發團隊數量不一而足。在新創公司可能為數不多，在大型企業則可能數以百計，而他們全都必須朝同一方向推進，並以各自的方法解決重大問題。

某些公司把產品願景稱為「北極星」，意思是，不論你屬於哪個產品開發團隊、正勤奮化解哪項特定難題，產品願景是全體都能望見並追隨的指標。藉由願景，團隊始終清楚如何對更具意義的整體做出貢獻。

更廣泛說，產品願景持續激勵我們、使我們興致勃勃日復一日回來工作，歲歲年年樂此不疲。值得注意的是，產品願景往往是招募有實力產品開發人員的最強大工具。

與產品願景相得益彰的產品原則，則揭示公司必須打造的產品本質。這些原則反映公司的價值體系和若干策略抉擇，有助於團隊在面臨艱難的權衡取捨時，做出正確決策。

團隊拓樸結構（Team Topology）

「團隊拓樸結構」意指如何分工不同的產品開發團隊，使他們可以

各盡所能完成傑出的產品。這包括團隊的結構和視野，以及他們與其他團隊彼此的關係。

產品策略

產品策略是闡明，我們以契合商業需求的方法來實現產品願景的計畫。策略源自專注，接著要善用洞察力，然後將洞見化為具體行動，最後要管理好工作直到大功告成。

傳播產品福音（Product Evangelism）

領導者另一關鍵角色是，同時向產品組織內部和整個公司，傳達產品願景、各項原則與產品策略。

著名的創業投資家約翰·杜爾（John Doerr）常說：「我們需要傳教士團隊，而不是傭兵團隊。」如果我們想要的是傳教士團隊，基本上要使團隊裡每個人，都能了解產品福音並且心悅誠服。他們必須是狂熱的追隨者。我們必須不斷招募人員、給予指導、每週進行一對一教練、召開全體會議、舉辦團隊餐會等，以利傳播產品福音。

組織愈龐大，傳遞產品福音的工作愈要做到極致，領導者要領悟，傳福音是永無止境、必須持之以恆的事情。我們應確保，產品組織的所有成員誠心信奉產品的遠大目的。

一般來說，簽約受雇的人普遍對產品願景有所憧憬，但無論如何，我們必須確認團隊成員都是產品願景的忠實信徒。假如願景是打進電動車大眾市場，那麼你需要一群願意放手一搏、相信目標能夠實現而且值得一試的人。請注意，如果你雇用的人，對於拿下電動車大眾市場的意

見與你相左，甚至熱情擁護汽車內燃機，這雖然不是大問題，卻對於產品沒有幫助。

管理的角色：執行力

一家公司裡當然有許多不同類型的管理者。本書著重在，負責聘用和發展跨功能產品開發團隊的管理者。這通常包括產品管理、產品設計以及產品工程的管理者。我將不會聚焦於更高階的管理者（管理階層的管理者）或職責不在於人員管理的管理者（產品行銷管理者）。

如果你想建立真正獲得賦權的產品開發團隊，成敗的關鍵在於負責一級人員的管理者。假如你想知道，為何世上有那麼多產品很弱的公司，可往管理者執行力這方面去找罪魁禍首。除非矯正這方面的缺失，否則公司轉型將渺無希望。

重要的是，管理者必須了解並有效傳達產品願景、各項原則，以及資深領導者擬定的產品策略。此外，他們還要承擔三項至關緊要的職責：

人員編制

負責產品開發團隊的人員配置。這意味著招募與面試新人、入職管理、考評、晉升，以及必要時汰換團隊成員。公司人力資源部門的功能是，支援管理者執行前述事項，但絕不能代替管理者完成這些職責。

教練

這可能是最重要、卻最被忽視的事項。教練是管理者基本的能力。管理者至少要每週對直屬部屬進行一對一教練。

管理者最重要的職責是幫助部屬發展技能。我說的絕不是微管理，而是去了解部屬的弱點並協助他們提升能力，以所學指導他們、輔助他們排除障礙以及了解事情的全貌。

　　比方說，假設你是產品設計管理者，每週分別與麾下六個不同產品開發團隊的六名設計師會談一小時。這六位設計師都是各自的跨功能產品開發團隊一級成員（因為產品設計屬一級作業，設計師在處理和解決難題時，必須與產品經理和工程師建立密切的夥伴關係）。然而，即使設計師技能高超，我們怎能期望他掌握所有其他團隊正進行的事情？如果他著手的設計與其他團隊的解決方案不一致或不相容，會發生什麼事呢？我們期許管理者這時能出面喊停，並且找相關設計師一起集思廣益、全盤考量，想清楚不同的解決方案對於用戶的影響。

　　更廣泛來說，必須有人致力於，幫助產品開發團隊的每個成員精進技能。這就是強效產品組織的工程師，向老練的工程管理者彙報工作的原因。設計師向資深設計管理者報告工作，產品經理向練達的產品管理者回報工作，都是同樣的道理。

團隊目標

　　掌管人員的管理者的第三項職責在於，確保每個產品開發團隊（每季）被指派一到兩個明確的目標，並清楚說明他們必須解決哪些問題。這些目標都直接源自產品策略，將許多洞見化為具體行動。

　　要落實賦權，不單單是個時髦術語。獲得賦權的團隊會被賦予若干重大的待解問題（團隊目標）。接著，團隊就這些問題集思廣益，並提出確切的方案，與管理者共同商議以取得關鍵結果。管理者可能必須向

團隊重申公司更廣泛的目標，以促使團隊盡可能把這些目標納入考量。

衡量賦權成效的有效方法是，確認團隊有無能力敲定最佳解決方案來達成目標。強大的產品經理才有足夠的自信和安全感，真正地賦權給部屬，並且在團隊成功後退居一旁，不去搶團隊的功勞。

第 4 章

獲得賦權的產品開發團隊

　　現在大家都知道了賦權給產品開發團隊的各項優點。有許多書籍和文章也解說過，賦權在創新和解決難題上效能優越的原因。然而能啟發人心、值得一讀的相關寫作如鳳毛麟角，而且最令我感到意外的是，多數公司沒有心悅誠服地授權、賦能給產品開發團隊。為什麼會這樣？

　　當我向各公司的執行長或關鍵領導者尋求答案時，他們的回答都歸結為信任問題。

　　他們不信任旗下團隊。具體來說，他們不相信團隊成員的水準符合真正授權賦能的標準。因此，他們認為有必要親自以極為明確的方式指導團隊。這就是「指揮與控制」的管理模式。

　　當我問他們，為什麼不把信任的人納進團隊，他們往往辯稱找不到或請不起，或無法吸引谷歌、亞馬遜、蘋果和網飛等公司雇用的那種人才。但我指出，我認識許多從他們這類公司跳槽到頂尖公司的人，而這些人的表現漸入佳境又備受關注。

　　我還告訴他們，我曾與不少卓越公司的團隊成員共事過，實際上，他們絕大多數也是平凡人。那麼，或許問題的關鍵在其他方面？

也許，這些非凡的公司對於充分利用員工有獨到的做法，他們知道怎麼幫助平凡的團隊成員發揮真正的潛能，協力創造出色的產品。

第 5 章

行動領導力

我們主張，締造卓越產品公司的關鍵在於擁有優異的產品領導者。

畢竟，產品領導者負責配置和教練產品開發團隊成員，同時也肩負產品願景、各項原則及產品策略，這些共同決定了產品開發團隊的目標。

那麼，傑出的產品領導者究竟有哪些特徵？為他們效力又是何等光景？

在《矽谷最夯・產品專案管理全書》裡，我描繪了六位產品經理，他們都是搶手產品的負責人，卻多半沒沒無聞。本書講述了八位產品領導者的故事，包括他們所面臨的各式挑戰以及克服難題的方法。他們每一位都來自代表性產品公司，而且職業生涯非同凡響。但他們同樣鮮為人知。我將重點介紹兩位產品管理領導者、兩位產品設計領導者、兩位產品工程領導者，以及兩位公司領導者。

我無意提供他們的完整傳記，而是請他們用自己的話語，各自分享從各種歷程到領導力等方面的心得。期望他們的話能使你對領導方法有更好的認知。最重要的是，讓各位領略一下，在強大又老練的產品領導者手下做事的滋味。

第 6 章

授權賦能指南

誰適合閱讀本書

本書是為有志於創造強效產品組織的人而寫，從新創公司的創辦人到主要科技公司的執行長都適合閱讀。明確說，本書的目標讀者是，產品領導者和矢志成為產品領導者的人（尤其是想成為產品經理、設計師與工程師的領導者的人）。

當我們提及「產品開發人員」，通常指任何與產品管理、產品設計或工程相關的人，他可能是一位「獨立貢獻者」或一名經理。雖然特定產品開發團隊還有交付經理、用戶研究者、資料分析家、資料科學家和產品行銷經理等許多角色，但本書主要聚焦於產品經理、（產品）設計師與（工程）技術主管這三個核心角色。

當我們談到「產品領導者」，通常是指產品管理階層的管理者／主管／副總裁／產品長、產品設計的管理者／主管／副總裁／設計長、產品工程的管理者／主管／副總裁／科技長。

除非另有說明，否則書中的建言都是提供給產品領導者。如果忠告

對象是產品經理、設計師、技術主管或資料科學家等特定角色，我們也會清楚地告知。

雖然書中若干資訊是針對產品設計師、工程師及二者的領導者，但多半的資訊是提供給產品經理和產品管理領導者。這是因為，在建立獲得賦權的產品開發團隊過程中，產品經理和產品管理領導者的角色會經歷最大的改變。

誰在發言？

除非另有註明，書中內容不是出自馬提・凱根就是出於克里斯・瓊斯。我們兩人都是矽谷產品團隊公司的夥伴，對於書中一切內容看法一致，也參與了每個章節初稿到最後成書的過程，因此不會特別說明個別章節的執筆人是誰。

還有，書中分享的這些課程，都是取自更廣大的矽谷產品團隊公司夥伴群。我們全體夥伴在多家頂尖科技公司的傑出產品組織裡，累積的年資超過百年。

至於刻意以第一人稱來寫作，是想盡可能像與讀者促膝長談那樣，提供給大家一系列如同一對一教練的體驗，我們唯一的目標是，幫助讀者們成為不同凡響的高效產品領導者。

本書的條理

你已經知道本書的主題範圍，以下則是全書概述：

- 第 2 篇：專注於高效產品領導者最重大的職責，也就是教練和促

進產品開發團隊成員發展。

- 第 3 篇：探討產品開發團隊人員編制，包括如何招募與管理新進人員，以及確保他們的工作獲致成果。
- 第 4 篇：討論產品願景和各項原則，這將界定意圖創造的未來。
- 第 5 篇：思考如何打造最符合公司需求的產品開發團隊。
- 第 6 篇：探究產品策略，也就是如何決定哪些是產品開發團隊理當解決的最重要問題。
- 第 7 篇：講解如何藉由個別團隊的目標（待解決問題），把產品策略化為具體行動。
- 第 8 篇：提供一個詳盡的個案研究，揭示每個概念如何在複雜的現實世界中，逐一落實。
- 第 9 篇：討論產品開發團隊和企業其他部門之間，如何建立必要的合作關係。
- 第 10 篇：綜合前述的一切，交給你一項把自己的團隊轉型成最佳團隊的計畫。

雖然促成必要的轉變絕非一蹴可幾的事情，但絕對有可能實現。本書正是專門為了使你具備成功所需的知識與技能而寫的。

第2篇

教練

教練不再是一項專業；要成為一名稱職的管理者，必定要有能力當個好教練。——比爾・坎貝爾

　　這是坎貝爾多年前說的話，在後疫情時代的產業界我們才開始明白，教練是遠比以往任何時候更加基本的能力。如果你期望推動大規模創新，教練式領導力尤其不可或缺。畢竟當前面臨的種種問題正快速惡化，輕易就能破壞各項關係，而且協力合作也變得更困難。

　　這就是本書絕大部分談論教練式領導力的原因。我們不是無的放矢。在科技業界，我們過度專注於產品經理、設計師與工程師的核心技

能和本領，卻鮮少聚焦於管理者和領導者的能力及本事。然而，管理者與領導者卻肩負著，塑造高績效團隊的重責大任。

注重教練式領導力的道理很簡單：你公司仰賴成功的產品，而成功的產品來自強效的產品開發團隊。**教練式領導力能把一群平凡的人，造就成非凡的產品開發團隊**。如果產品開發團隊沒有效能，就必須認真審視團隊成員，看清我們如何幫助他們提升自我和整個團隊。

本篇的章節強調，教練與產品開發團隊成員發展的最重要領域。除非你曾親自受教於經驗老到的管理者，否則這裡的多數主題你可能前所未聞。當然，如果你有關於這些主題的切身經驗，當然再好不過，就算沒有，請以開放心態探討這些主題，你將大有可為。各位可以一起學習，並且精益求精。

最重要的是，良好的教練講求持續對話，以幫助團隊成員發揮潛能為目標。

第 **7** 章

教練心態

**教練可能比職涯導師和團隊導師，更不可或缺。導師以金玉良言
諄諄善誘，而教練則捲起袖子，躬體力行。教練不只相信我們有
潛力，還親自進到競技場，幫助我們充分發揮潛能。他們高懸明
鏡以鑒照我們的盲點，也督促我們自己負責解決痛點。教練以敦
促我們更上層樓為職責，又不會搶我們的功勞。**

──比爾‧坎貝爾

本章將聚焦於教練必備的心態，而不是教練對象的心態。

錯誤的心態，實際上會削弱你運用相關工具的效用。比如說，你可
能定期與團隊個別成員一對一面談，如果這些會談主要由你來分派各項
任務和決定優先順序，那麼教練工具不但無濟於事，甚至有害無益。

教練心態是教練目的之基礎，是導引你應用教練技巧的框架，也是
促進團隊發展的過程中，採取行動和做出決策的指導原則。

如果你是見多識廣的教練或管理者，你可能已發展出自己的一套原
則。假如你是管理階層的新秀，或負責培訓新進管理者，本章將為你講

述最重要的教練和管理準則。

首要職務，促進員工發展

事實上，很少管理者贊同這項原則。多麼令人驚訝又煩惱。多數管理者對於攸關團隊的事情，總是說得頭頭是道，然而實際行動卻總是反其道而行。他們把彙總產品開發成果當成最重要的職責，並把團隊視為達成目的的工具。

管理者理應把大多數時間與精力用於教練團隊。這意指真正盡力評估團隊、創造教練計畫，和積極協助他們進步與發展。管理者務必以團隊成員的成就來衡量自己的工作表現，甚至要比追求產品成功更加注重員工的發展。

團隊賦權可以產出最好的成果

許多新任管理者認為，自己的工作是督促團隊完成任務清單。

他或許可以獲得一些短期的戰術成果，但是當團隊被要求去執行管理者的想法和行動方案，產品會難以全面發揮潛能。更重要的是，你會發現，團隊成員對於工作欠缺捨我其誰的投入感，因而很難留住優秀的人才。

賦權意味著，為團隊創造出擁有成果主導權，而不光是承擔任務的環境。這並不是指較少的管理，而是更好的管理。在你出手為團隊排除障礙、理清脈絡、提供指導時，同時也必須抽身出來，為團隊創造自主的空間。

請記得，我們需要傳教士團隊，而不是傭兵團隊。

當心自己的不安全感

缺乏安全感的管理者，對賦權尤其備感困難。

這種管理者很在乎自己的貢獻是否獲得肯定，因此把團隊的成就視為威脅，而非自己的真正貢獻。他們可能因此嚴加管控團隊運作，或是使領導者看不見團隊的表現。最惡劣的管理者甚至會積極破壞自己的團隊。管理者要留意自己的不安全感，而且了解到，你的行為正在干擾賦權的過程。

我要釐清，這裡談的不是自大的問題。非要說的話，自負通常是缺乏安全感的表現。多數良好的管理者會適度謙遜，總是努力設法提升自己的表現和成長。他們可能會有不安全感，但不會管得太細或破壞自己的團隊。

你可能會問，假如領導者沒有教練和發展團隊的必要經驗，該怎麼辦？如果是這樣，至少你意識到了自己的條件有重大欠缺。最基本要務是，立刻尋訪那些在強大產品公司有豐富經驗的領導者來擔任你的教練。

培養多元觀點

缺乏安全感的管理者，可能會壓制不同於他的意見。這顯然會阻礙團隊的發展，同時也會扼殺他身為領導者的影響力。優秀的領導者明白，要獲得最好的成果，必須具備以多元觀點思考問題的能力。他們也知道，不是只有他們擁有出色的想法，最好的點子可能出自其他人。

培養具有多元觀點的團隊，得從雇用成員的過程著手，使團隊成為兼容並蓄、擁有各種能力和來閱歷的成員組合。接著，創造使多元觀

點蓬勃發展的空間。在某些情況下，這意指放手給賦權產品開發人員，以不同於你的方法來做事。在其他狀況下，則意味著採集多元異質的意見，好幫助你做出最佳決策。

請注意，我並不是建議你勉勵團隊成員尋求共識，而是說，身為領導者應幫助團隊學習如何協同合作。善用每個人的技能和專業，促成最好的決策。

尋找教練的時機

許多人沒有意識到自己的潛能。身為教練，你站上了幫助團隊成員了解自己潛能的獨特位置。

人要能克服逆境才能發揮潛能。教練必須隨時發現時機，激勵團隊成員離開舒適圈大展身手。要適切判斷，什麼樣的時機適合團隊成員發展潛能。別要求團隊嘗試他們還沒準備好的事，而要找出能造成不舒適感的事情給他們做。這可以促使他們克服恐懼、了解自己真正的潛能。

發揮潛能不只是消弭能力落差，同時也意味著肯定和發展原有的實力。這對於工作上得心應手、經驗老到的產品開發團隊人員尤其重要。

持續贏得團隊信任

如果不能贏得團隊信任，一切努力將收不到成效。信任不能強求，也不會自然而然發生，信任來自持續以實際行動證明，你真心致力於團隊每位成員的成功和發展。

當然，於公於私，支持團隊很重要。尤其重要的是，不論讚賞或批評他們，都要真心誠意。當有人表現特別優異時，要毫無保留給予讚美。

同樣地，必須改進的地方也不要巧加粉飾。請始終記得，稱讚人要當眾說出，抨擊人應私下做。分享自己克服挑戰的經驗，有助於你與團隊成員建立融洽關係和彼此信任。要展現你對他們身為人的真正興趣，而不只是把他們視為團隊成員，這樣才能贏得他們的信賴。

當然，你必須運用判斷力，不可探人隱私，也別闖進別人的私領域。我不斷發現，在人性化的職場關係中，信任可以逐漸鞏固。

勇於修正錯誤

有時，即使你盡了最大努力，仍無法使團隊某位成員踏上成功之路。陷入這種境況時，必須果斷採取行動修正錯誤。對於許多管理者來說，這是最難遵循的一項原則。教練旨在促成發展，因此你必然會把這點視為這位團隊成員難以進步的契機。而且，你也覺得承認現行方法無法解決問題是件很難啟齒的事情。

為了避免難堪，咬牙堅持下去或許會讓人輕鬆一些。但終究會對你和團隊成員造成傷害。首先，你會為這個成員花費過多時間，排擠到其他成員的時間。此外，這是向團隊其他成員示意，雖然你要求他們全力以赴，但同時也願意容忍平庸，這肯定會逐漸破壞團隊對你的信任，並扼殺他們的動機。最後，那位表現不理想的成員將失去轉變的機會，而他在其他環境裡可能會有更好的成功機會。

請注意，我不是建議你滿不在乎解雇人，或是將他轉調其他工作。你必須始終以極慎重的態度做出這類決定。我是說，當你知道必須有所作為時，千萬不要遲疑。否則對任何人都不會有好處。

我（瓊斯）在職涯初期相當幸運，曾於一家推崇教練價值的公司

任職。公司領導者對於團隊發展並非口惠不實的人，時時以具體行動落實所秉持的理想，使團隊成員真正融入公司文化。這意味著，隨著逐漸成長，我擔負起更大的管理和領導職責，具備了扎實的相關理念善盡職責，而我確實也克盡己職，言行一致地把這套價值傳承下去。

不幸的是，當今多數公司並不是那麼投入教練和發展員工，你可能必須當開路先鋒。那麼首先，你必須明確了解什麼是強大的教練心態，並且持之以恆。

深入閱讀｜管理者的備選教練方案

大多數科技公司採用很典型的功能型組織架構，產品經理聽從產品管理階層的管理者或領導者指示；設計師為設計管理者或領導者效勞；工程師向工程管理者或領導者盡職。這樣的組織會期許管理者擔任部屬的教練。

然而，有些公司採行另類的組織架構，管理者可能不具備必要經驗，無法提供有效的教練。

比如說，某些公司產品開發團隊領導者的角色，可能類似小企業的總經理，而他們的出身背景多樣。為了方便討論，我們假設他來自商業發展領域，而且跨功能產品開發團隊所有成員都聽命於他。但他從未擔任過產品經理、設計師或工程師。那麼，他要怎麼教練產品開發人員？

雖然管理者是首選的教練，但當這方式根本行不通時，關鍵在於組織裡必須有人承擔這個任務。舉例來說，可以要求其他單位的設計管理者，提供設計師必要的教練，也可向產品與工程的管理者提出同樣的要求。

　　無論如何，最重要的是，把教練視為最優先要務，而且要讓產品開發團隊所有人都知道，誰被指派來促進他們發展、把潛能發揮到極致。

第 8 章

職能評估

　　本章將講述，有助於提升產品開發團隊表現水準的教練工具。我想讓每位領導者明白，這是迫切需要的基本教練工具。

　　獲得賦權的產品開發團隊，依靠的是幹練的成員，如果你不促進團隊成員發展、提供成長機會，往往會有其他公司來給予他們機會。我始終堅信這句古老的格言：「人們加入公司，卻因管理者而求去。」

　　本章將探討評估產品經理職能的方法。為了使這些方法也適用於產品設計師或技術主管，我做了一些簡單的調整。我們將在下一章討論產品經理教練計畫，而評估職能的方法是使教練計畫成功的基礎。

　　這個方法是依據差異分析法（gap analysis）的形式建構起來。目的是，從多個必要面相評量產品經理當前的職能水平，然後再和這個特定職位應有的職能水準進行比較。

　　這個方法承認，不是所有技能都同樣重要，也不是所有職能差異都同樣值得重視，而且隨著職責等級變化，各種相應的期望也會跟著改變。這項教練工具旨在，協助你專注於最需要聚焦的地方。

人員、開發過程與產品

《矽谷最夯・產品專案管理全書》的讀者都知道，我習於用三大支柱分類法來談產品：人員、開發過程和產品。基於評估工具的目的，我將先談產品，因為產品知識是一切的基礎。產品知識力不足的話，其他真的就免談了。

產品知識

- 用戶與顧客的知識：產品經理是目標用戶／顧客方面公認的專家嗎？

- 資料相關知識：產品經理能靈活運用各項資料工具嗎？對於用戶實際上如何使用產品，產品經理是團隊與利害關係人公認的專家嗎？

- 產業和領域的知識：產品經理對於產業與領域的知識充足嗎？他了解業界的競爭態勢，以及產業相關的趨勢嗎？

- 商業和公司知識：產品經理了解公司各項業務範圍嗎？這包括行銷、銷售、財務（營收和成本）、服務、法務、法令遵循、隱私政策等。利害關係人相信產品經理了解他們關切的事情和限制嗎？

- 產品操作的知識：產品經理對於產品實際操作方式是公認的專家嗎？他能俐落地向潛在顧客示範如何使用產品、教導新顧客怎麼正確使用產品，以及應對線上尋求支援的顧客嗎？

具備產品知識，是合格的產品經理的基本要件。假設一名新任的產品經理很積極每天花數小時學習，通常也需要兩到三個月才能加速累增產品知識。

開發過程相關的技能和技術

- 產品探索方法：產品經理是否非常了解產品的各項風險，並且很清楚要怎麼應對這些風險？他是否明白如何在工程師受命打造產品之前，預先處理種種風險？他知道怎麼和大家協作以化解問題嗎？他專注於成果嗎？他了解並能運用定性與定量分析法嗎？
- 產品最佳化技術：一旦開始生產，產品經理知道如何運用產品最佳化技術來快速提升和精進產品嗎？
- 產品交付技巧：雖然產品經理主要職責是產品探索，但他在產品交付上也扮演重要的後援角色。產品經理了解自己對於工程師和產品行銷所肩負的責任嗎？
- 產品開發過程：產品經理充分了解包括探索、交付等更廣泛的產品開發過程嗎？他明白身為產品負責人的行政職責嗎？

我們期待新進產品經理了解各項基本技巧，而強大的產品經理也要不斷精進各項技能，並學習新的、更先進的技術，就像優秀的外科手術醫生必須不斷掌握最新的外科手術技能和技術。

處理人際關係的技能與相應的責任

- 與團隊協同合作的技能：產品經理與團隊工程師和設計師合作的

效能有多高？他們彼此是協作關係嗎？他們彼此尊重對方嗎？產品經理是否有及早與工程師和設計師溝通，並提供他們直接接觸顧客的管道？產品經理有充分善用團隊成員的才智嗎？

- 與利害關係人協作的技能：產品經理和全公司利害關係人是否協作良好？利害關係人是否覺得在產品方面，擁有一個確實致力於公司事業成功的真正夥伴？產品經理和包括公司資深領導者的利害關係人，是否彼此尊重與相互信任？

- 傳播產品福音的技能：產品經理能有效分享產品的願景與產品策略嗎？能給予產品開發團隊動機並啟發他們嗎？對各利害關係人和其他以各種方式為產品做出貢獻的人，也能給予動機並啟發他們嗎？

- 領導技能：雖然產品經理事實上並不管理任何人，但他必須去影響和激勵人，因此領導技能是不可或缺的。你的產品經理擅長溝通且能有效鼓舞他人嗎？（尤其是在壓力環境下，）他的團隊和利害關係人期待他具有領導力嗎？

如果沒有扎實的產品知識，以及產品開發和人際關係技能，很難做好產品經理的工作。務必要持之以恆，增進這三方面的能力，才能成為強大的產品經理。

以上是我常運用的三大類技能和技術。無論如何，在特定情境中，我會基於企業文化或產業特性，調配契合需求的技能與技術。

比如說，媒體公司的產品與編輯團隊之間，存有特殊且極重要的關係，我會明確另外處理這層關係，而不是把編輯團隊和其他利害關係人

綁在一起。也就是說，產品領導者如果認為有必要，就請放開手去調整我的方法吧。

差異分析

差異分析是前述分類法的核心。管理者必須檢視上述各組判準，對產品經理各項技能與技術給予兩個評分。

應然能力 vs. 實然能力

第一個評分，是你期望部屬應具備的能力水平（也就是應然能力評分），第二個評分，是衡量部屬現有能力水平（也就是實然能力評分）。我通常以 1 到 10 的尺度評分，10 分代表工作上絕對必備的能力。

舉例來說，假如你認為產品經理的「產品探索」能力應當達到 8 分，而產品經理現有能力只有 4 分，那麼他這項關鍵能力與你的期望有顯著的落差，你必須教練他提升這項能力和相關知識。

請留意，一般產品經理與資深產品經理的差距，會呈現在二者被期望具備的能力等級（應然能力評分）。舉例來說，我期許一般產品經理的利害關係人協作能力達到 7 分，而對資深產品經理的期望則是九分。

也請注意，如果不是由公司、就是由管理者來設定期望的能力等級。對產品經理能力的評量，通常是由管理者來完成。無論如何，我們沒有理由反對產品經理自我評量，事實上，我非常鼓勵這麼做。但要了解，產品經理自我評量常會因方式不同，而有一些顯著的差異。如果管理者無法自在與產品經理對質，就輕易接受自我評量，那麼在我看來，這位管理者怠忽了他的職責。

教練計畫

在完成產品經理職能評量、以及隨後的差異分析之後，接著要檢視存有最大落差的地方。這正是評量的目的。

關於教練計畫，我一向把初步的焦點局限在提升前述三大類能力。當產品經理有進展後，就可以進階增進下一個最重要的能力。管理者可以提供產品經理教練、訓練、閱讀或練習等方面的協助，幫他增強三大範圍的各項能力。

在下一章，我將分享具代表性的、有助產品經理強化三大類能力的教練計畫。各位泰半知道，如何教練產品經理發展特定技能，因此你們真正必須學習的，是評量方法和差異分析。

還有，當產品經理成功消弭了應然與實然能力的落差，這時非常適合告知你對於更高職等的期望，使他著手培養晉升必備的各項能力。

每週至少一次，與產品開發團隊個別成員討論教練計畫的進展。

職能評量 vs. 績效考核

最後，你可能想知道職能評量和教練計畫，與績效考核之間有什麼關聯。我們會在後面有關人員編制的章節，更詳細討論這個問題。

大體而言，我發現多數公司所做的績效考核，對於促進員工的發展，幾乎派不上用場。績效考核的用處，很可惜，主要在人力資源與薪資管理方面。你可能必須遵守人力資源部門對員工年度績效考核的要求，但請了解，這絕不足以取代積極、持續且投入的團隊教練。

有件事情必須要慎重，那就是你不斷努力教練部屬為升遷做好準

備，並不代表他們一定能晉升。許多公司對於員工升遷有種種的政策，因此你不可使部屬懷有不切實際的希望。我往往告訴部屬，我會全力以赴教練他們，並幫他們爭取晉升機會，但我無法給予任何保證。

好消息是，只要你積極依照前述方法，評量部屬的職能和推動教練計畫，進行年度績效考核時會更輕鬆自在。

第 9 章

教練計畫

前一章我講解了一套工具，用以評量產品開發人員現有職能等級，和確認他們在各項技能上實然與應然能力的差異。在這個章節，將與各位分享，我如何針對這些差異來教練部屬。

事實上，本書整體內容就是這個教練計畫的完整版本。我希望能在本章提供足夠的案例和建議，協助管理者給予部屬有用的指引和教練。

請記得，我會沿用前一章，分類人員、產品開發過程與產品三大類相關技能，假如你對這些主題沒有把握，請參考上一個章節。此外，我也會延續前一章以產品經理為例的做法，另外，本章大部分內容，也同樣適用於產品設計師與技術主管。

產品知識力

設定在對新進產品經理的產品知識力期望值時要明白，掌握產品知識將是他入職培訓過程中花費最多時間的事項。假設他獲得必要的教練，而且每天以數小時積極且專注地學習產品知識，通常約需兩到三個月，知識才會快速累增。

我要聲明，產品經理的產品知識如果達不到應有的水準，就沒資格擔任團隊的產品經理。管理者有責任確保他的產品知識達標。

用戶與顧客的知識

出訪用戶與顧客是無可取代的要務。不過，如果能先善用同事們關於用戶和顧客的知識，客訪時將受益無窮。

產品經理學習這方面知識時，記得每個訪談對象都有自己的觀點，要試著去了解對方的看法，並盡可能學習最多元的觀點。如果公司有用戶研究團隊，請從這裡著手，務必要和這個彌足珍貴的團隊建立關係。用戶研究人員能教會產品經理很多事情，必須徹底領悟用戶相關課題，問題才能解決。

假如公司有客戶服務團隊，這是非常有利的資源，可以得知那些最受歡迎和最不被喜愛的顧客，以及相關的原因。產品經理應該安排充足時間與這個團隊會談，深入理解顧客怎麼看待你們的產品，並向客戶服務團隊學習用戶與顧客相關知識。

與產品行銷人員交流，則可獲得另一種寶貴的視角來了解用戶與顧客。因此產品經理除了與上述那些重要人員來往，也要更廣泛向銷售和行銷人員學習，從這些不乏卓越洞見的同事獲取有益的觀點。許多公司創辦人或執行長，比其他員工更頻繁接觸客戶，因此才能獲得極佳的資源。

產品經理要向他們請教，想真正掌握相關知識得找哪些顧客，而且不能只尋訪對產品很滿意或很不滿意的顧客，必須盡可能兼容並蓄各種不同看法。討論到這裡，產品經理應已準備好實際去拜訪用戶和顧客。

在我（凱根）首次負責企業對企業（B2B）電商新產品時，管理者要求我在做出任何有意義的決定之前，先拜訪三十位客戶（他還堅持其中一半必須是美國境外客戶）。我不認為三十這個數目特別重要，但絕不能只造訪兩、三個客戶。我往往建議新進的產品經理，在入職培訓過程中，至少尋訪十五名客戶。

當我完成那一趟客訪旅程後，從實質上一無所知，進步到足與公司裡任何人談論所學。此後多年，我善用知識與經驗、拜訪過的人和彼此的關係，收到極大的效用。

實際坐下來和用戶與顧客溝通時，產品經理還得運用其他技巧來向他們學習，這個部分留到探索技巧時再來談。產品經理與每位客戶互動時必須盡力研究：他們是你認為的那種顧客嗎？他們真的有你認為那些應該存在的問題嗎？他們怎麼解決問題？他們在哪種情況下會改用其他產品？

請注意，商家對顧客（B2C）電商模式中的顧客，和 B2B 的客戶有顯著的差異，但大原則是共通的。

另外也請留意，如果你加入的是，擁有老練產品設計師和技術主管的既有團隊，那麼絕對要不遺餘力向他們請益。如果你參與的是新成立的團隊，那麼你應當要求，產品設計師和技術主管這兩位關鍵人物與你一同學習。

資料的相關知識

新手產品經理通常必須掌握，三大類資料和分析工具的相關知識：

1. 用戶分析工具（user analytics）：藉以理解用戶與產品互動方式相關資料

2. 銷售分析工具（sales analytics）：主要用於解析產品銷售週期相關資料。

3. 資料倉儲與分析工具（data warehouse analytics）：用來闡釋資料如何隨著時間推移而變化。

要具備運用這些工具的能力必須做到兩件事情。首先，要學會怎麼操作來得到解答。其次，必須理解這些工具做出的分析要告訴你什麼。

如果想加快資料工具操作和資料語意學（data semantics）學習進度，產品經理可以向公司的資料分析師求教。這是新進產品經理必須建立的另一項關鍵人際關係。但我要申明，除非是產品開發團隊有全職資料分析師或資料科學家，否則產品經理不能委派他人來做這些事。資料分析師的作用在於教導，使你有能力借助資料分析來應對問題。

這個主題和後面談論公司事業經營的主題息息相關。每個產品都有一組相應的關鍵績效指標（Key Performance Indicators, KPIs），用來評估結果是否達到預期目標。資料分析工具不但可以使你看清距離目標還有多遠，也會決定哪些績效指標對你、業務是最重要的。

產業與領域的知識

整體來說，公司會期望產品經理具備豐富的產業領域知識。當然，隨著產品千變萬化，產品經理必備的產業知識會跟著變動。媒體產品、顯影劑產品與廣告科技相關產品各異其趣。幸好網路上可以搜尋到多數

產品的大量知識，彈指之間就可輕鬆取得所需。

關於高度專業化領域（如稅賦、外科手術設備、監管與合規等）特定產品，公司內部會有公認的產業領域專家，提供所有產品經理諮詢。他們有時會被稱為主題內容專家（subject matter experts）或領域專家（domain experts），是產品經理必須建立關係的另一重要對象。

沒人會要求產品經理具備像專家那樣淵博的領域知識，但他必須學習足夠的領域知識，才能融入並有效促成團隊協作。至於更廣泛的科技產業知識，會有許多科技產業分析家提供相關的剖析和洞見。❶

產品經理掌握產業知識的關鍵在於，識別哪個產業趨勢與他們的產品息息相關。第一步驟是確認產業趨勢，這可能需要一些培訓，好了解趨勢或賦能科技，以及它的內在潛力與限制。

產業知識也包含競爭分析。產品經理可從產品行銷這個良好的資源著手學習，而且必須更深入了解業界主要競爭對手的願景與策略。當我教練產品經理學習競爭分析時，我會要求他們評估業界三到五個頂尖對手，並寫一篇文章比較、對照每個勁敵的長處與弱點。

商業與公司的知識

對多數新任產品經理來說，了解自己公司運作方式絕非小菜一碟。我們往往可以從這方面看清，勝任的和不稱職的產品經理的基本差異。我偏好要求新進產品經理，依據產品製作一份「商業模式圖」（business model canvas），或是任何類似的圖。這有助於產品經理迅速察覺自己哪

---

❶ 我向所有產品經理和產品領導者推薦「STRATECHERY」資源網站，我一直是忠實用戶。

方面知識不足，而且十分簡便。

銷售與行銷：進入市場

　　進入市場的策略是每項產品的基本要素，攸關如何使目標用戶與顧客接受我們的產品。從消費性產品到商用產品，都有進入市場的策略，最常見的是商用產品進入市場策略。產品的銷售方式可能是直銷，或透過經銷轉售等間接通路，或直接售予顧客。

　　銷售過程始於行銷，而行銷本身有許多不同的策略與技巧。最終，總是會有某種行銷漏斗（funnel）讓人們開始注意到你的產品，並且可能成為你的用戶和顧客。

　　新手產品經理必須懂得行銷漏斗，從察覺、試用到客戶引導的整個流程，尤其重要的是，他還必須了解銷售通路的潛力與限制。產品行銷人員往往是，產品經理學習進入市場策略必定要請益的人。

財務：營收和成本

　　基本上，新進產品經理也要徹底弄懂產品財務結構（包括營收與成本等）。因此，我一向主張產品經理要結交精通財務的朋友。每項產品都有一組財務的 KPIs，產品經理必須先明白這些 KPIs 是什麼（例如：客戶生命週期價值指標），以及它們的意義（例如：生命週期價值是如何計算出來的？）最後還必須學會，如何分析產品的實際情況（例如：相對於獲取新顧客的成本，客戶生命週期價值是否充足？）❷

---

❷　我常向人推薦閱讀《精益分系》（*Lean Analytics: Use Data to Build a Better Startup Faster by Alistair Croll and Benjamin Yoskovitz*），這本書能幫助新手產品經理學會更多重要的產品現況分析方法。

法務：隱私政策與法令遵循

法務是公司一個關鍵面向，主要涉及隱私權、安全、法規遵循，以及日趨重要的倫理問題。新任產品經理要務之一是，與法務部門人員交往，好了解種種法令規範。不只要掌握最新情況，也要能夠在新產品創意發想時派上用場。

商務開發：合作夥伴

當今多數產品或多或少涉及一些合作夥伴，這可能是產品交付或服務上的科技合作夥伴，也可能是銷售或行銷方面為了獲取新客戶的合作夥伴。不論是基於什麼合作目標，合作夥伴協議通常會附帶一些限制條件。重要的是，產品經理必須弄清楚相關合約和各項限制條件。

其他面向

前面說的，幾乎是所有產品的共通面向，但事實上，許多產品都有一個或更多其他面向，這取決於公司的本質。假如一家公司有多元化的業務，那麼關鍵的利害關係人就是各業務單位的領導者（例如：總經理）。同樣地，媒體公司會有編輯部／內容供應單位；電商公司會有採購人員；硬體或設備公司會有製造部門；全球經銷公司會有國際部門等。

產品操作的知識

這顯然是產品經理必備的知識了，但我時常遇見除了基本示範之外，實際上不懂產品的產品經理。我期盼產品經理都能成為自家產品的使用專家，這樣才能贏得信任。

要變成消費性產品使用高手其實不難，然而要升級成商用產品使用專家則困難重重，對於缺乏產業領域知識的產品經理來說，尤其難如登天。為了加速學習，產品經理除了閱讀使用手冊等，還要接受一些相關訓練，並要花時間請教客服人員，如果可以的話，還要每天使用自家產品（所謂的內部測試，或俗稱的「吃自家的狗糧」）。

作為試金石，假如有舉足輕重的產業分析家要來拜訪公司、討論你們的產品，這時產品經理應當親自做簡報，或是投注時間協助簡報者（通常是產品行銷經理）做好準備。

產品開發過程的相關技能和技術

產品開發過程的相關技能與技術數不勝數，而且技術日新月異。這方面的教練主要目標在於，確保產品經理對手上任務的技術擁有充足知識。

產品探索技巧

新任產品經理至少必須熟悉四種不同的產品風險（價值、易用性、實行性和商業可行性風險），以及因應這些風險而打造的各種不同原型，還要理解定性與定量風險分析方法。網路上有許多相關的資源和訓練課程，而且《矽谷最夯・產品專案管理全書》第 33 和 34 章針對這些產品探索技巧也有詳盡的探討。

教練產品經理時，我一般會要求他們先閱讀前作，然後我再講述幾種不同的情境，接著詢問他們會如何處理，以確認他們讀懂了書中討論的技巧。教練必須確認產品經理對風險抱持適切的想法，而且明白每種

產品探索技巧的優點和限制。

產品最佳化技術

關於生產中且流通量大的產品，產品經理必須掌握「產品最佳化技術」，並知道如何有效運用這些重要技術。這包括學習商業工具，然後持續進行一系列的 A/B 測試。主要為了使產品行銷與銷售漏斗最佳化，但也可用以達成其他目的。

產品交付技術

一般來說，產品交付技術是團隊工程師專注的事。然而，他們運用的交付技術（例如：持續交付），也是產品經理務必了解的重要事項，而且產品經理在某些情況下，（例如：規畫產品釋出時）必須扮演更積極的角色。舉例來說，對於重大的產品變更，可能必須要求平行部署（parallel deployment）。產品經理應當知道這些技術會帶來什麼結果，尤其是額外的工程成本，好做出妥當的交付決策。

產品開發流程

採用何種流程來開發和交付軟體，取決於工程師與工程領導者。無論如何，產品經理在流程中仍扮演一定的角色，務必明白自己的相關職責。多數團隊採用某種形式開發方法，像是敏捷（Scrum）、看板（Kanban）或極限編程（XP）。更常見的做法是混用這些方法。

我往往推薦新手產品經理去上 Scrum 產品負責人認證課程（CSPO），以明瞭產品負責人的各項職責。多數公司也備有標準化的

「產品待辦清單」管理工具，新任產品經理務必要學會怎麼使用。

請注意，有太多產品經理只受過 CSPO 訓練，而且想不通自己為什麼無法勝任該職責。我要明確指出，從 CSPO 學到的職責雖然重要，卻只是獲得賦權的團隊產品經理整體職責的一小部分。

與人相關的技能和責任

我們迄今大多討論產品知識與開發流程所涉技術，而任何人只要願意投注時間和心力幾乎都能學會。但是如果沒有打好這些基礎，那麼其他也就免談了。要分辨能勝任、真正有效能的產品經理，往往是看他們處理人際關係的技能。

產品世界有個長年爭辯不休的議題，就是人際關係技能是否能夠有效傳授或教練。就經驗來說，我確實能大幅提升和發展多數人（但不是所有人）這方面的技能。前提是，他們必須是真心誠意想要精進。

如果一個人不擅長處理人際關係，也不是由衷想要改善人際關係，那麼產品開發團隊管理者有必要幫他找另一份更合適的工作。

團隊協作相關技能

現代產品管理全然是靠產品經理、設計師與工程師實實在在的協作。首先要確認的是，產品經理知曉產品設計師和工程師的實質貢獻。

產品經理不必具備設計或工程方面的技能（這大致是實情，雖然不少產品經理相信自己是傑出的設計師），然而產品經理應當明白和賞識設計師及工程師的貢獻，並且要懂得他們和自己一樣不可或缺。

其次，產品經理必須確保三方互相信任和彼此尊重，以利真正的協

作。根據我教練產品經理的經驗，一旦他們學會了前述基本要務，接下來主要就是培養團隊協作技能。

當我與產品開發團隊討論他們正力圖解決的問題時，我很少只和產品經理對話，幾乎都是與產品經理、設計師和技術主管一起集思廣益。這純粹是基於當今產品的本質。在對話期間，我觀察著他們彼此之間不計其數的互動。結束後，我常把產品經理拉到一旁，設法指出他與大家的互動究竟是有助於、或是有損於建立互信。

開一小時會議討論問題或目標，往往能讓我獲得許多日後在教練上有用的事例。比如說，團隊其他成員的投入程度有多深？他們解決問題的表現像是獲得賦權的團隊嗎？還是像聽命行事的人？設計師與工程師能提出有益的解決問題方案嗎？或者只是指出產品經理提案的種種問題？他們是否花太多時間討論（例如：規畫）而沒有足夠的時間測試驗證（例如：製作原型）？他們又是如何化解彼此的歧見？

與利害關係人協作的相關技能

團隊協作技能的許多要點，也適用於產品經理與利害關係人的協作關係，不過產品經理和團隊夥伴建立互信關係，其實比較容易，因為他每天都會和團隊夥伴互動、一起專注於解決共同的問題。

然而，產品經理與利害關係人的協作，則會涉及較多動態的面向。首先，多數產品經理是個人貢獻者，而利害關係人則泰半屬於公司高層，他們在自己的商務領域通常知識淵博，而且習於發號施令。

產品經理要與他們締造成功的工作關係，關鍵在於彼此增進互信。產品經理先要投注時間，盡力摸清每位利害關係人的極限。前面談商業

與公司知識的段落有過相關的討論。

接著，產品經理必須親自說服每位利害關係人，讓他們明白你懂得他們關切的問題，而且會全力以赴，想出對他們來說可行的解決方案。無論如何，產品經理確認利害關係人關切的事情之後、團隊著手打造任何事物之前，都會同利害關係人預先檢視解決方案。

建立互信需要時間，雖然產品經理與利害關係人不常互動，然而每次互動都會曾加信賴的份量。我教練產品經理時，常觀察他們與利害關係人的互動，並找時機教育他們。我會努力強調哪些交流有助於建立互信，哪些行動則是減損信任。

傳播產品福音的技能

在中、大型企業裡，有許多產品涉及說服技巧，這包括使團隊與利害關係人相信，產品經理很清楚自己必須做什麼，而且擁有使命必達的扎實計畫。我最偏愛運用敘事寫作技巧來發展強而有力、扣人心弦的論點，這在第 11 章會詳加討論。我期勉產品經理去上課學習簡報技巧，我上過兩次那種在課堂上錄下簡報過程，然後授課教師再提出專業批評的課程，我覺得如獲至寶。

領導技能

最後，優良的產品管理實際上主要源自領導力。領導技能對於產品經理尤其重要，因為面對沒有從屬關係的產品開發團隊和利害關係人，產品經理只能仰賴領導力和說服力。

換句話說，產品經理必須贏得領導地位，相關能力不是伴隨職銜而

來的。這也是，許多強大的產品經理最終成功晉升產品主管和執行長的緣由。那麼，要怎麼增進領導力呢？

先決條件要具備前面提及的各項能力。如果產品經理苦學有成並大顯身手，而且贏得了團隊與利害關係人的信賴和敬重，那麼成功獲得領導地位便指日可待。

此外，我期勉所有產品經理終身學習好增進領導力。我們多數人都遇過糟糕的領導人，某些幸運的人則遇到了不同凡響的強大領導者。而討論每個領導人的關鍵特點，也成了極佳的教練課題。

深入閱讀｜教練技術主管

我十分喜愛教練技術主管，因為他們多半是世上最令人欽佩的創新幕後推手。技術主管基本上是資深工程師，而且承擔了參與產品探索的額外責任，是產品經理與產品設計師的主要夥伴。

他們不只要照料團隊打造和交付可靠產品事宜，同時也要關切團隊打造了什麼產品。技術主管對於賦能科技學識精湛，當他們的知識結合了對客戶痛點與問題的深入了解，神奇的產品就應運而生。

實際與工程師相處你就會明白，並非所有工程師都會對程式設計以外的事情感興趣。這無可厚非，因為我們並不需要每位工程師都成為技術主管。

我最欣賞的幾家產品公司，在面試工程師時，大多中意那些只在乎打造什麼產品和打造方法的人才。但即使如此也會有例外。畢竟一家公司的產品開發團隊（尤其是獲得賦權的產品開發團隊），如果連一位技術主管也沒有，只會問題叢生。

我教練過的許多技術主管曾表明，有朝一日會創立自己的公司，而且有這種雄心壯志的技術主管比率相當驚人。我強烈支持他們，並向他們列舉了許多工程師出身、最後成為科技公司執行長的成功人士。對於胸懷大志的技術主管，我常鼓勵他們考慮出任產品管理職務一、兩年。即使他們最後又回到工程專業，由於擁有珍貴的管理經驗，未來一旦成為新創公司共同創辦人，將擁有優勢的地位。

不論他們的職涯目標是什麼，技術主管的實質潛力來自於，結合科技知識和對客戶問題的體認。我總是勉勵技術主管盡量多拜訪客戶。每當我自己做了有趣的客訪之後，也會順便探訪我教練過的技術主管，與他們闊談所見所學，並詢問他們的看法。

我發現，自己投注在教練技術主管上的每分每秒都獲益良多。

深入閱讀｜教練產品設計師

產品設計師的工作很艱難。雖然產品設計師不必成為全能專

家，但必須具備非常廣泛的設計知識和技能：

- 服務設計
- 互動設計
- 視覺設計
- 工業設計（應用於實體產品）
- 原型設計
- 用戶研究

多數成功的產品設計師，至少具備出眾的原型設計和互動設計能力，而且擁有服務設計、視覺設計和用戶研究的充足知識，能夠善用相關的技巧和人才（當有必要時）。

產品設計管理者手下的設計師，通常來自不同的背景，教練部屬的時間，大多用於協助設計師處理彼此間各項差異。

產品設計管理者銘記於心的另一重要職責是，在第一線確保整體一致的設計觀點。意思是，雖然公司有許多產品開發團隊，每個團隊又有各自的老練設計師，但設計管理者還是要保證跨團隊的整體感。

要做到這點，產品設計管理者必須每週與設計師一對一檢視設計，並要更廣泛與設計師們開會討論棘手的設計問題。

在轉型成獲得賦權產品開發團隊的過程中，設計師會面臨一項挑戰，那就是多數來自功能團隊的產品經理和工程師，從未和

專業的設計師共事過，因此甚至不知道自己不足之處。

結果就是，產品設計領導者必須教育產品經理和技術主管，使他們明白什麼才是優秀的設計，並領悟設計師如何對成功的產品做出貢獻。

深入閱讀｜產品行銷人員的重要性

矽谷產品團隊夥伴馬蒂娜・羅琛科（Martina Lauchengco），即將出版 SPVG 系列叢書另一部新著作《讓人愛上產品》（*Loved*），書中探討非常重要的主題：產品行銷。眾所周知，產品行銷與產品管理息息相關，但多數人並不清楚，產品行銷方法已出現重大變革，而且遠比以往更加重要。以下摘錄這本即將問世書籍的部分內容：

我要直截了當地說，多數產品行銷人員並不是很在行。他們有本事做很多事情，卻沒發揮重大作用。而且，行銷人員的素質參差不齊，於是有些人被說成平淡無奇，雖然偶爾也會有人被讚不絕口。

產品行銷「不是」管理新產品上市理當完成的事項，也「不是」專案管理，也「不只是」促進產品銷售。產品行銷的典型認

知是：打造出產品，然後將產品上市。有這種認知的公司，往往只會說明產品的用途與其他產品有什麼不同，並且「假設」人們在乎他們的產品，以至於最終慘遭滑鐵盧。

卓越的產品行銷首要條件是了解市場。要對各種基於市場的假設進行壓力測試，以順應變化、找出市場定位、打動顧客的心。也要用契合顧客經驗和需求的言詞來闡明，為什麼你的產品不可或缺。

產品行銷成功的真正指標是，市場接受度和產品動能。但多數人不知道該期待什麼，也不清楚啟動產品行銷的恰當時機。以Z公司為例（這是實例，但我不透露公司名稱，所以你可以想成所有新創公司的故事），該公司是由一群專業年資數十年的博士創辦，他們在一場備受推崇的科技競賽中進入決賽，因此相信把點子化為產品、進入市場的時機已經成熟。

他們的科技使人耳目一新，一位知名分析家曾寫文章稱讚其效用，還稱這是無以倫比的科技。他們向一家名列《財星》百大的公司最高主管展示了這項科技，令他嘖嘖稱奇。於是他們取得創業投資公司的資金，投入了商業賽局。

他們創業初期和尋常新創公司無異，負責技術的創辦者之一，掛名負責公司一切事務，這包括產品、銷售、行銷以及人事。在歷經半年與數十家公司主管會談後，他們沒有爭取到任何客戶。

於是，他們不再向各公司高層主管投售產品，改為詢問他們，什麼是最迫切的優先要務？

結果，他們的科技能夠解決的問題，都不在這些公司主管最優先的五項要務之列，有時甚至不在前十項最優先要務清單中。你可能想問為什麼 Z 公司最初沒做這件事，但請記得，他們當初取得的一些數據點（data points）使他們相信，能創造出有價值的產品。

這個團隊後來做了一些修正，並明白了他們可以把產品轉變得更為靈活，使產品能夠解決那些公司高階主管最迫在眉睫的優先要務。

他們的新產品可以切入，數十年來信譽卓著的成熟產品市場，而且易於上手、可以更快速解決問題。Z 公司盤算，既然新產品可以做許多事情，應當公開展示產品效能，然而他們忽略了一個關鍵步驟，就是事先想好怎麼簡潔說明產品用途，以及大家為什麼要看重這個產品。

由於他們沒能在潛在客戶心中達到錨定效應，潛在客戶難以體會為什麼要重視他們的產品。Z 公司不解問說：「我們該討論監管環境使產品更切合需求嗎？我們必須指出老字號軟體的弱點嗎？即使我們的產品只在某些地方勝過現有的老牌軟體。」

結果，Z 公司雇用了一位銷售人員來推動產品，並力圖解答上述疑問。有了銷售人員之後，因為需要更多銷售對象，於是他們又請來可以「產生需求」的人。這是錯誤的做法。鑒於公司沒

有值得反覆傳遞的訊息，銷售團並無法與目標客群有效溝通，使他們了解產品的價值。儘管公司的進入市場團隊持續擴充，情況依舊沒什麼改變。登入的用戶屈指可數。這時，Z公司已成立近兩年。然後，他們聘請了喬西擔任產品行銷主任。她為公司重新找出產品的市場定位，開創了更清晰的利基市場，公司僅在短短三個月內就發生許多改變：

- 公司發表了白皮書，說明現有同類產品行不通的地方，並推介自家符合客戶需求的利基產品。一家享有聲譽的分析公司對產品深感興趣，還要求同類產品分析師隨時待命以了解更多細節。
- 喬西製作了全新產品文案，使產品銷售簡報和網站的內容更一致，因此顧客無論在哪裡看到產品資料，接收到的訊息都很連貫。
- 喬西與產品和銷售團隊建立對等夥伴關係，步調一致密切合作，還頻繁調整宣傳材料。這家小公司所有人員很快就認同她是非常有價值的人才。
- 公司同意並宣布了行銷策略。這體現出即使喬西沒有事必躬親，團隊其他成員也能明白一切行銷作為背後的原由。

Z公司最後贏得了一些大客戶和市場動能，但他們原本不必

走得這麼緩慢又辛苦。如果他們早一點引進產品行銷，就可能及早發現和解決進入市場策略問題。然而，他們卻在許多行不通的事情上浪費了大量時間、金錢和資源。

　　行銷學對畢生專注於打造產品的人來說，可能非常深奧。產品行銷能創造出骨幹，使行銷與銷售的實體得以成形。因此，假如你營運的是科技公司，負責行銷的人務必要精通產品市場。這是能快速達成目標的簡便方法。比起行銷工作本身更重要的是，由誰來推動這項工作以及他的表現。假如你有志於創造卓越的產品，那麼投資優秀的產品行銷勢在必行。

第10章

一對一教練

想必你聽說過一對一教練方法，而且可能有過某種形式的相關經驗。然而，從我和無數產品經理及產品領導者的討論來判斷，可能有人從未體驗過真正出色的一對一教練。這可是教練的基本功。

我（凱根）寫這個章節時，曾努力回想是在哪裡學習到這些要領，以及追憶對我的想法影響深遠的關鍵人士。在經過這麼多年之後，這已很難說清楚，但可以肯定的是，在我的發展過程中，有十多位管理者惠我良多，他們有的曾是我的直屬管理者，有的曾是我的同事和間接學習對象。班・霍洛維茨（Ben Horowitz）是後者之中一個典範，他的一對一教練技巧使我永生難忘。

本章適用於產品開發團隊的管理者，也就是負責雇用產品經理、設計師和工程師並促進他們發展的人。

高效一對一教練關鍵要素

目的

一對一教練主要目的在於，幫助產品開發人員發展和改善自我。我

們將使你的一對一教練技能更上層樓，讓你能與人討論所知所學。本章主旨在使你有能力協助產品開發人員勝任職務，然後得以發揮潛能。如果忽略了這個宗旨，本學程的真正價值很快就會被你遺忘。

關係

一對一教練法的雙方關係，建立在互信的基礎上。管理者必須使產品開發人員了解並相信，你真心誠意致力於使他充分發揮潛能。這就是管理者的首要職務。如果產品開發人員很有效能而且獲得升遷，代表你已善盡職責。同樣地，假如產品開發人員不稱職，就是你怠忽職責。你必須讓他們了解，為了使兩方都能成功，理當相互信任並彼此相挺。最重要的是，你們要坦誠以對、直言不諱。

入職管理

多數新進產品開發人員都需要一段關鍵的入職培訓期，好獲取勝任職務所需的技能與知識。

每個來做這份工作的人，各自擁有不同的經驗和知識。在第 8 章談論職能評量方法時，我探討了一項快速評估新進產品開發人員的工具，可藉以判定該專注於提升他們哪方面的能力和知識。然而，直到產品開發人員評斷勝任之前，你都有責任確保他不會損害所屬團隊，而且所做所為都合情合理。

一般來說，必須密切監督培訓期人員大約兩到三個月，此時的雙方關係，與他們獲得肯定、稱職之後的教練時期相比，比較緊張。

頻率

關於一對一教練的頻率，存有各種不同意見，但我強烈覺得應當每週一次，每次不少於三十分鐘，而且慎重行事，不同於那些有時可以略過不開的會議。或許你偶爾需要重新安排時間，但就是不可以取消。請思考一下這點。

對於還在接受入職培訓、尚未被認定勝任的新手產品經理，你可能有必要每週進行兩到三次一對一教練，甚至日復一日去做。一旦你們建立了互信關係之後，也可以透過視訊會議來進行。關鍵是要確立有益的環境條件，以增進彼此進行坦誠、有建設性的對話。

分享脈絡

如果賦權給產品開發團隊，讓他們自己找出最佳解決方案，那麼管理者和領導者理也該提供團隊策略脈絡（strategic context）。在入職培訓階段，你要使產品開發人員確實了解，公司當年度的使命與目標、產品願景、產品策略，以及他們團隊的各項目標。每季還必須敲定團隊下一季特定目標，而且有時相關討論會極為複雜。

功課

產品開發人員必須足功課。這是他們勝任職務的基礎，也是入職培訓期間最主要的活動。你要引導他們取得正確的資源、解答各項問題，而他們也要自動花時間勤奮做功課和獲取知識。

對於產品經理，功課就是把產品從裡到外學習透徹。他理當學會用戶與顧客以及產品數據相關知識、探悉賦能科技的能耐、掌握產業知識

以及商業的各種不同層面，尤其是財務、銷售、進入市場策略、客戶服務和法務等。

像卓越的產品開發人員那樣思考和行動

除了要求產品開發人員做好功課，教練也要協助他們學會，像強效的產品開發人員那樣思考和行動。

什麼意思呢？以思考層面來說，就是專注於結果。要考量所有的風險：價值、易用性、實行性和商業可行性風險。要整體思考商業與產品的所有層面；要預想倫理上的顧慮或衝擊；要構思具創造性的解決方案。面對種種阻礙時堅持不懈；善用工程學和創造可能的技藝；要靈活應用設計與用戶體驗的力量；巧用資料來學習和形成令人信服的論點。

就行動層面來說，是傾聽、協同合作、分享所學、傳播產品福音、激勵人心、不搶功勞、承受指責、擔起責任、有自知之明、承認自己並非無所不知、謙沖自牧、廣結善緣、了解客戶個人層面的事情、展現領導力。

整體觀

把點滴的細節串連起來，好明瞭全局。你不能期望，每位產品開發人員都能掌握其他產品開發團隊的進展。一對一教練的好處是，管理者會知道不同團隊的各項活動與問題，而且可能是第一個看出某種問題正在醞釀，或是不同團隊重複做了相同的事情。管理者要指出那些潛在的衝突或影響，並且勉勵產品開發人員與相關同事協作以解決問題，還要在必要時當機立斷，出手化解分歧。

提供回饋

也就是所謂「嚴厲的愛」、「徹底坦誠」。管理者能提供的主要價值來源是，實話實說具有建設性的回饋。你應當時常給予教練對象回饋，並且盡可能做到適時（私下討論的第一時機）。請記得，要公開讚揚部屬，而批評部屬則應私下說。

許多管理者錯誤認為，只需在年度績效考核時彙集與交付回饋，然而事實上，每天都有許多機會直接或間接地收集回饋。日常總有許多會議，可以乘機觀察產品開發人員與他人的種種互動。

此外，管理者應當隨時就個別的產品開發人員，尋求建設性回饋，例如詢問團隊其他人和該成員互動的情形，以及徵詢資深主管、利害關係人與業主對於他的印象和建議。

剛開始做這件事可能使你感到不舒服，但過一陣子之後就會成為一件自然而然的事情。但在此之前，必須強迫自己，每週都提供一些有助益的建設性回饋。

持續改進

管理者清楚知道產品開發工作非常艱難。那是一趟旅程，不只是一個目的地。即使擁有二十五年的實踐經驗，依然必須持續學習、精益求精。每項產品的開發過程，各有不同的風險承受能力。賦能科技日新月異，今天提供服務的業者，可能明天就成了平台業者。市場與客戶的行為也變動不居。一旦企業成長茁壯，各種期望也隨著水漲船高。

最出色的產品領導者，以這些事情來衡量自己的成就：促成多少人升遷、幫助多少人堅持致力於影響力深遠的產品、成全多少人榮任公司

領導者或開創自己的事業。

反面模式（Anti-Patterns）

我見過太多管理者，自認為做到了上述一切事情，實際上卻沒能促成部屬充分發揮潛能。根據我的經驗，最常見的原因如下：

管理者根本不在乎

這顯然是主要成因。很多管理者不愛敦促部屬發展，或不認為這是他們的主要職責，因而把教練當成次要的課題，這傳遞給部屬的訊息分明就是：「你必須靠自己努力」，以致部屬最終沒能發展成稱職的人。

管理者訴諸微管理

對部屬下特定指令並密切操控他們，這做法確實比較容易，只要給他們任務清單，以及在有必要做出實質決定時，要求他們重視你的決斷。然而，這只會導致令人失望的結果。在此無法列舉詳盡理由來說明，但無論如何，微管理難以促進部屬的發展，也不具有擴展性的解決方法。

管理者只顧表達一己之見而不懂傾聽

雖然在會議前準備一些討論事項無可厚非，但請謹記，會議主要是為了產品開發團隊成員召開，而不是管理者。管理者往往在會議上自顧自說個不停，使得真正開會時間所剩無幾。要注意，傾聽能讓你認清，人類的學習方式其實很多元。

管理者沒有提供沉重的回饋

對於多數人來說，學會給出坦率、誠實且有建設性的回饋確實很難。然而，如果管理者做不到這點，產品開發人員將難以成長和進步。這往往會在他們因績效考核出現負評而深感意外時，變得非常明顯。我要明確強調，他們不應該對績效考核結果感到意外。在數個月的教練過程中，所有問題都應該深入討論過。我們會在後面的章節探討績效考核，畢竟這是各方悲傷和焦慮情緒的源頭。但現在要銘記在心的重點是，績效考核從來不是促進部屬發展的關鍵工具，每週的一對一教練才是。

管理者沒有安全感而且／或是無能

鑒於你有能力擔任部屬的教練，我們推測你是個勝任的管理者，而且對於自己的貢獻和價值深具自信，當部屬表現良好時，你會覺得與有榮焉，而且不會因他們成功而感受到威脅。然而，很可惜，不論是出於哪種原因，有些管理者並非如此。在大型公司，產品領導者負責確保公司擁有高效的人員管理者，而在新創公司，這項職責通常屬於執行長。

我們在前面討論過，如果管理者沒有教練部屬的經驗，就應該立刻找一位經驗老到的領導者來擔任你的教練。千萬不要輕忽你的職責。

管理者無法得償所願

寫下這一段文字是萬不得已的，我也曾遲疑過。然而，有時很幹練的管理者即使耗費數個月，真心誠意、孜孜不倦教練部屬，就是無法使他勝任職務。

我們要了解一件重要的事，並非每個人都能被塑造成稱職的產品開

發人員。我能看清這點，往往是因為當事人純粹是被公司從其他崗位調派到產品開發團隊。這可能出於他曾是產品用戶而且熟悉產品，或是基於他認識執行長，或是其他任何原因。但他就是不具備成功產品開發人員的核心基礎。

此外，產品經理、設計師與技術主管在產品開發團隊裡，擔綱的並不是「低層級的」角色。那些每天都必須聽命行事的人，不適合擔任產品開發人員，他們就是施展不開。你需要的是，能發展成有能力又稱職的產品開發人員，你可以設定一個目標，然後放手讓他們找出完成目標的方法。

我的看法是，管理者有責任促使新進產品開發人員成為稱職的人。但如果無法在合理的期間內（通常是三到六個月）完成使命，那麼就該負責幫他找到更適合且足以勝任的職位。

總結

如果你是產品領導人但未曾專注於教練部屬，我期望你能明白，教練真的是你一切職責所在，你應當應用本書提供的架構，努力善盡職責。對於產品領導人來說，產品開發團隊就是你的產物，要有這樣的認知才能開發出卓越的產品。

如果你是產品開發人員卻不曾接受過持續、密集的教練，那麼我建議你，詢問管理者能否投注時間協助你發揮潛能。

如果你想要成為產品開發人員，而且正在評估各家公司的相關職位，在面試過程（一旦公司相信你有潛力且值得投資時）最重要的事情是，盡力確認管理者是否有意願、有能力提供一對一教練。

第11章

敘事性寫作（The Written Narrative）

上一章講述了一對一教練的重要性。那個方法可以提供不間斷的機制，協助產品開發人員發揮潛能。在本章，我要探討的是本人最鍾愛的教練工具：敘事性寫作，這有助於造就不同凡響的產品開發人員。

先承認，在我運用的各種技巧當中，敘事性寫作最讓人心生抗拒。事實上，有些人基本上是受我強迫才使用這項技能。他們並不是懷疑它的效用，而存粹是對這方法深感痛苦。而且我發現，最有必要熟練說故事技能的人，往往是那些最抗拒的人。

產品開發人員（尤其是產品經理），必須隨時提出論點來應對爭議。雖然這在小事上不常見，但在面臨代價高昂、風險重大的事情時，例如大型功能開發與專案（尤其是重大的新嘗試），自然會有許多人提出疑問和挑戰。在這種情況下，一般是應對公司各主管的質疑，而這往往要從說服團隊成員著手。

本章的教練方法是，要求產品開發人員寫一篇敘事文章，闡述他們的論點和建議。先說明，我講的不是任何詳細說明文件。那類文件的用意不是要說服人，只是用來描述想要打造的產品相關細節。

我談論的是大約 6 頁的文章，內容以說故事手法講述產品開發人員力圖解決的問題、為什麼這對客戶和公司具有價值，以及提出解決問題的策略。如果寫得斐然成章，讀者將獲得啟發並被你說服。

亞馬遜就是以這種說故事手法為核心，闡述他們如何營運與創新。我所知的任何公司，沒有比亞馬遜更加擁護敘事性寫作，我想亞馬遜能成為全球最具持續創新能力的公司之一，絕非偶然。

產品開發人員在工作起始會議上舉手發言、拋出一些數據點，使自己看起來熱中而且有自信，並不是件困難的事。這種會議如同「委員會設計」（design by committee，指專案有多人參與設計，卻沒有一致的計畫或是看法）那樣糟糕，每個人深受挫折，最後只會向會議室裡最高薪的人尋求指引。

當發生這種狀況時，我很清楚產品開發人員沒有做好必要的功課、未能真正理解會議的主題，導致論點很薄弱。他們沒有充分考量各種不同觀點及應對種種限制。此時，要求他們寫敘事文章可以彰顯這些事實。

我們常見產品開發人員發言時誇誇其談，假裝很清楚自己在講什麼。然而，要求他們提交敘事文章，他們就難以裝腔作勢。前網景（Netscape）公司工程師、亞馬遜資深人員布雷德‧波特（Brad Porter）說過：「亞馬遜已經向大家揭曉祕訣，速度和規模都是利器……，接下來就看他們有沒有實行的專業能力。」❶

儘管亞馬遜有二十五年持續創新紀錄，但我認識的產品開發人員多半竭力避免敘事性寫作，儘管這項最有價值的工作真的可以快速推進自

❶ 布雷德‧波特的原文請掃描右方 QR code

我、做出更好決策。

　　確實，很少有產品開發人員在敘事性寫作，以及挑戰浮誇言論漏洞上受過專業訓練。無論如何，管理者可以在這方面教練產品開發人員。

　　先要求他們以說故事手法寫下數頁文本，然後讓他們設想關鍵主管與利害關係人可能提出的顧慮或反對意見，以此製作常見問答集附加在文本後面。他們必須細思慢想、明確回答各項問題，接著去找有顧慮或持反對意見的人，一起檢視他們的問答集。當主管讀過文本和問答集之後，就能看出產品開發人員是否確實做足了功課。

　　產品開發人員可以像亞馬遜那樣，運用說故事技巧來啟動決策會議。即使你決定用 PowerPoint 做簡報，我向你保證，只要先練就出色的敘事寫作技能，製作簡報時將能輕而易舉發揮創意，靈感會直接從敘事功力泉湧而出。你的簡報會突飛猛進，看過的人都會對你顯而易見的準備功夫印象深刻。

　　我自己也是在職涯初期被人說服，才學會敘事寫作技能，我很慶幸那位管理者當年把我推出舒適圈，使我學有所成。我從此轉而信仰說故事的力量。現在我依然頻繁運用這項技能。當我準備新的主題簡報時，會要求自己先寫一份完整的敘事文稿，並反覆修改直到條理分明、引人入勝。接著，把文稿拿給敬重的人過目，我知道他們會實話實說，在通過這關考驗之後，我才會著手創造簡報。

　　如果你還沒試過敘事性寫作，我期許你在下一項重要工作時嘗試看看，雖然可能會帶給你不安。務必要兼容並蓄團隊成員和利害關係人的多元觀點，多花些時間使你說的故事更加清晰、簡明和扣人心弦。我確信，這會造就你成為更卓越的產品開發人員。

第 12 章

策略脈絡

本章繼續討論教練系列課題，內容涵蓋不同的層面：如何確保產品開發團隊了解廣泛的商業脈絡是必要的。

我把相關資訊稱為策略脈絡，其中包括多個重大主題，一旦掌握就能了解團隊如何做出好決策。我們將在其他地方進一步探討這些主題。

要對產品開發團隊賦權以利決策，團隊成員必須對決策所需的脈絡瞭如指掌。策略脈絡往往是由公司的產品領導者提供，而產品開發團隊，尤其是產品經理，務必要深入理解。

一般來說，認清策略脈絡屬於新進產品開發人員入職培訓過程的一部分。請注意，本章提及的公司是指大型商業實體，而超大型的公司通常會有許多事業單位或分支機構，可能有各自有不同的策略脈絡。舉例來說，谷歌的 YouTube 事業單位與 AdWords 事業單位，二者的策略脈絡南轅北轍。通常，我們可以區分六種不同的策略脈絡。

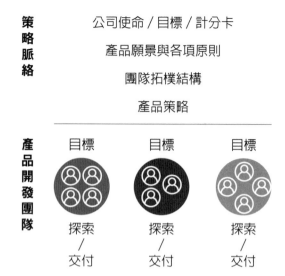

公司使命

簡單說，就是公司的目的，旨在向大家傳達公司存在的原因。這通常是一段簡明而且歷久彌新的陳述。即使不是與公司共存續，一般也能持續用上十年或是更久。如果有任何員工不知道公司的使命，那麼這家公司的文化與／或領導者顯然有某種嚴重的問題。

然而，即使大家普遍知道公司的使命，多數人卻可能不明白自己能做出的貢獻。

公司計分卡

每種產品和每家公司都有一些 KPIs，好供大家了解企業的整體概

況與體質。在此，我們將這些稱為公司計分卡，有時也稱為公司儀表板（company dashboard）或是體質指標（health metrics）。這些指標在某些情況下相當簡明易懂，而有時則非常複雜難解。

舉例來說，在雙邊市場（two-sided marketplace），通常會有一些重要的 KPIs 告訴我們市場體質是否健全，也就是說，雙邊是否都收取對價、市場是否達到均衡。我再舉一個市場體質顯然不健全的例子，假設某地就業市場每天有數千人尋覓工作機會，但幾乎沒有職缺，那麼找工作的人只會受挫折，並且可能遠走他鄉。

當然，在雙邊市場，我們至少有兩個漏斗，其中一個帶進找工作的人，另一個帶來雇主，我們會密切觀察兩個漏斗的 KPIs。公司計分卡為我們記錄這些商業動態。雖然計分卡不能兼顧所有的指標，但會專注於最重要而且資訊豐富的指標。領導者藉此可以判斷公司的整體體質和表現。

公司目標

一旦我們懂得公司計分卡，就能討論公司年度的各項特定目標。

這些由公司資深領導團隊（通常董事會也會參與）選定的目標，是員工最專注的事項。目標攸關成長、擴張、利潤或顧客滿意度。公司一貫有期望達成的特定商業目標（關鍵結果），而這些目標都指出必須有所提升的範圍。

我希望大家都明白，公司這些目標必須成為商業成果，而不只是產出（例如實現特定的開發專案）。關鍵結果幾乎是公司計分卡上的 KPIs，如果這些東西還不在計分卡上，往往會在後來添增上去。

以這樣的方式，公司就能追蹤目標實現的進度，同時也可確保企業體質不會受到意外結果的負面影響。

產品願景和各項原則

最終，我們落實公司使命的方法是，為客戶開發各式產品與服務項目。產品願景就是闡明我們希望怎麼實踐。

一般來說，產品願景描繪出公司三到十年內力圖創造的未來，同時也說明為什麼那樣的未來能提升顧客生活水準。使命給予公司目的，而產品願景則著手落實公司使命。請記得，產品願景也是招募優秀產品開發人員的最佳工具。

產品願景必須能激勵人心，這樣產品開發人員才會經年累月為落實願景而努力不懈。但重要的是，產品願景不宜過於具體，畢竟我們無法預知未來的細節。

我們會在第 5 篇深入探討產品願景這個主題。獲得賦權的產品開發團隊當前必須弄清楚：如何具體實現願景。

產品各項原則與產品願景相輔相成，陳述了產品的價值與信念，用意在彰顯團隊必須為此做出許多相關決策。決策必須權衡取捨，產品原則幫我們闡明，哪些才是最應優先考量的價值。

產品開發團隊理當掌握這些原則，並懂得每項原則背後的道理。

團隊拓樸結構

團隊拓樸結構（會於第 4 篇詳細討論）講述的是，個別產品開發團隊負責的範圍。每個團隊都應鄭重認清各自在整體之中的位置，以及與

其他團隊的相互關係。

產品策略

產品策略使一切事情開始具體成形。

我們有了一組公司預定達成的年度目標、需要多年才能落實的產品願景，以及多個產品開發團隊。每個產品開發團隊都具備不同的技能，並有各自的負責範圍。至於產品策略則是將這些連結起來，驅策每個產品開發團隊達成各自的特定目標。我們會在第 6 篇進一步探討產品策略這個重要主題。

一旦每個產品開發團隊有了各自的目標，就可著手處理各自必須解決的問題。公司全體產品開發團隊都要掌握公司使命、公司計分卡、公司目標、產品願景和各項原則，以及產品策略所提供的策略脈絡。每位產品開發人員（尤其是產品經理）理應了解策略脈絡，而且必須以言行與各項決定證明，團隊如何為公司整體共同目標做出貢獻。

第13章

捨我其誰的責任感

———————————————————————

本書前面幾章提供了一組教練工具和技巧，是設計來促進產品經理勝任職務。在本章與接下來幾個章節，我將探討關於行為和心態的教練方法。

優秀的產品開發人員不但要具備稱職的技能與知識，對於產品的心態也要有效益，而且要始終如一在決策和互動方面，展現良好的判斷能力。我在本章將闡述產品開發人員必不可少的一種心態，借助它可以區別具有負責人思維和只有雇員思維二者之間的差異。

我要事先聲明，對許多人來說，本章的主題頗為敏感，因為觸及了個人問題，像是不同心態看待工作，對於異國文化民眾尤其如此。因此提醒大家，我全然只是分享心目中，最卓越科技產品開發團隊的做法和各種技巧。我無意多說一般公司做事的方法（我在序言已說明自己對這些公司的看法），只想討論那些最出色的高招，而且只是藉由客觀成果而不是主觀標準，來判斷哪種做法最超群拔類。

多數產品領導人想必都聽說過，「要雇用具有負責人思維而不是只有雇員思維的人」，但這真正的意思是什麼？實質上又有多重要？傑

夫・貝佐斯（Jeff Bezos）曾在 1997 年寫給股東的信函指出：

> **「我們將繼續專注於聘用和留住多才多藝的員工，並持續以員工認股權而非現金來獎賞他們。我們深知，這方面的能力會大幅影響公司的成就。積極的員工必須實質像負責人那樣思考事情。」❶**

他也在 2019 年致股東的信函重申了這個關鍵要點。❷ 貝佐斯試圖傳達重要訊息，負責人心態是卓越的管理者能幫產品開發人員發展的最關鍵素質之一。所以，要認真看待「像負責人那樣思考」的概念。

這有點類似「要傳教士團隊而非傭兵團隊」，但事實上，要使產品開發人員因有意義的事情（比如扣人心弦的產品願景）而情緒激動並非難事，但要促使他們像負責人那樣思考絕非易事。

雖然多數負責人行事作風像傳教士，但並不是所有傳教士的行為舉止都像負責人。賦權給產品開發團隊，給予團隊解決問題的主導權，這樣他們才能找出最佳方法來解決問題。

賦權的模式仰賴具有負責人思維的產品開發人員，但他們一般不會純粹因為獲得賦權，就能像負責人那樣思考事情。

我（凱根）昔日擔任技術主管、考慮接下產品經理職務時，曾不可避免地問過「為什麼？」那時我的啟蒙者使我明白其中道理的情景，仍歷歷在目。

❶ 原文參考請掃描右方 QR code ❷ 原文參考請掃描右方 QR code

那人告訴我，具備負責人思維的產品經理意味著，必須實質感受到對顧客有應盡的義務和責任。**為什麼？因為產品經理主導產品開發團隊，而團隊管理者與公司主管會依據相關言行來評判產品經理。**

他還告訴我，產品開發團隊的設計師與工程師，仰賴產品經理提供必要的策略脈絡，好構想最優越的解決方案。**為什麼？因為當產品經理給予團隊策略脈絡和待解問題，而不只是向他們講述解決方案的必要條件，團隊能夠更完善地達成任務。**

他也告訴我，要做到這些，產品經理必須「做足功課」，關於顧客、資料、商業與產業的知識和技能必須完備（我真的已覆誦過這句話數千次）。**為什麼？因為設計師和工程師需要團隊裡擁有這些知識及懂得脈絡的人，而產品經理正是憑藉這些使團隊達成指定任務。**

他亦告訴我，產品經理要致力想出能克服潛在障礙的方法，而且要設想實際可能出現很多阻礙。**為什麼？因為科技產品從來不是唾手可得的事物。我記得他是這麼說的：「人們總是能夠找到許多交不出產品的好理由，而產品經理的職責就是想方設法來克服每個障礙。」**

他並告訴我，擔任產品經理的績效是以成果來衡量（這句當今人人朗朗上口的話，事實上在 1980 年代曾是彰顯高效能的標語）。**為什麼？因為產品經理始終要審慎不把產出（output）與結果（outcome）混為一談。客戶在意的是成果，而不是我們的努力或行動。**

他還告訴我，想要成功理當努力與公司裡相互依存的人建立及維繫各種關係。**為什麼？因為在公司（尤其是大型公司）裡，有很多人負責確保各種資產（銷售力、營收、客群、信譽）受到保護，他們必須知悉、尊重形形色色相關限制，並想出商業上可行的解決方案，以善盡守護**

職責。

他也告訴我，公司領導者會不斷評判產品經理有沒有做足功課、言行是否像個負責人、能不能照料好產品開發團隊。**為什麼？因為採行賦權模式的公司主管知道，產品經理是礦坑裡的金絲雀（危險的預兆）。**

他亦告訴我，當出師不利時，產品經理要自己扛起責任，而在無往不利時要歸功於團隊。**為什麼？因為傑出的領導者和負責人都這麼做。**

他並告訴我，產品經理要善盡激勵和啟迪團隊人心的職責。**為什麼？因為我們需要的是傳教士團隊而不是傭兵團隊。**

最後，他告訴我，產品經理有責任保障團隊獲得成功，但沒有權力指使團隊成員（多數產品經理應當都已耳熟能詳）。**為什麼？因為切實與設計師和工程師協作才能持續創新，而這必須是一種同儕友伴關係，而不是下屬聽命上司的關係**（還有其他一些理由，我會在後面的章節說明）。

以上這些並不是一字不差的引述，但每當回憶起這些話，都深感通情達理。當我教練產品經理時，總是力圖把同樣的訊息傳達給他們，盼望他們以負責人而非雇員的心態來思考事情。

總結來說，負責人思維與雇員思維主要的差異在於，前者對結果當責不讓，後者只負責做事。我常試著說服非凡的設計師與工程師考慮產品管理的職位，雖然有一些成功的案例，但也時常遭人拒絕，而我最常聽到的一個理由是，他們無意對結果與相應的壓力負責。

我了解也尊重他們的選擇，然而我同意貝佐斯的看法，確信負責人心態至關緊要，對於產品經理尤其如此。

深入閱讀｜股權的力量

在闡述負責人思維時，我的整個討論直接與員工認股權獎酬息息相關。這種獎酬方式名副其實是為負責人設計，不適用於只是像負責人那樣思考的人。

我相信，舉世的卓越科技產品公司以授予認股權或發放股票來推廣負責人心態，絕對不是偶然的事。眾所周知，這是矽谷創新引擎的最大動力來源之一。許多人認為這只適合新創公司，但事實上，在各種規模的公司都行得通，當然也包括亞馬遜、谷歌、網飛和蘋果等最大型的頂尖產品公司。較不為人知的是，世上許多地方的在地稅法使得股權獎酬窒礙難行。我不禁注意到，那些地方的公司經常有所顧忌地重彈舊調：「不關我們的事。」

其實，給予關鍵的有功人員實質獎酬還有其他方法，最常見的是公司利潤分享計畫。我認為，如果公司執行長想促使關鍵人員言行都像個負責人，他們就應給予這些人等同負責人的獎勵。沒有人會期望個別貢獻者獲得與資深副總裁相當的股權，但公司若生意興隆就應出手大方。

常年以股權獎酬有功人員也是很重要的事。你不會想讓功臣在認股權全面生效後馬上棄公司而去，但要留住績效強大的人才就應每年給予額外獎酬。對我來說，這樣才能促成明確的雙贏局面，對於公司（包括公司股東）和員工可說是兩全其美。

不論你用何種方式做到這點，身為管理者能夠體認產品經理和我一樣是公司負責人之一，是無比強大的心態。要幫公司創造價值，我們必須高瞻遠矚，不能只是專注於日常的特定問題。

第14章

時間管理

　　我向來主張，產品經理每天要扎扎實實投注四小時處理關鍵的重要工作。如果團隊裡的產品設計師或技術主管多數時間不是用於實質的創造性工作，問題就非同小可了。而且這主要歸咎於產品經理。

　　我要聲明，這裡談的不是處理電子郵件、使用即時通訊軟體、開會，而是投注優質時間勤奮設想手上難題的解決方案（也就是**產品探索**）。在唯一機會窗口只剩傍晚六點到晚間十點之前，一切都還不算太糟糕。不過一旦淪落到這種境地，多數產品經理會陷入惡名昭彰的每週工作六十小時慘況。

　　各位想必都見過怒氣沖沖的產品經理，在接二連三的會議間疲於奔命，而且不斷抱怨沒時間進行真正的產品探索。因此，大家應當清楚，幫助新任產品經理學會管理時間，是教練最普遍也最重要的任務之一。

　　教練產品經理管理時間，我會從檢視他怎麼運用時間來著手。我發現絕大多數產品經理泰半時間用於管理專案，而不是投注於管理產品。他們不會承認這點，但我想盡力指出這就是實際情況。

　　那麼，為什麼會這樣？

部分原因在於，專案管理確實必須要做，尤其在狀況緊急時更是如此。產品經理可能不認為，其他人有時間或能力來承擔專案管理工作。部分成因則是出自，許多產品經理從未接受過教練，不明白產品管理到底是什麼。

另外也有些成因是，專案管理的工作讓多數產品經理感到自在，畢竟較為具體也更加直截了當，產品經理每天確認清單上許多事項完成了，就會覺得團隊很有生產力。

然而，我們必須認知每個領導角色，像是工程管理者、行銷管理者和執行長等，始終有一些專案管理職責，有時也必須應付一些難搞的事務。但他們的職務貢獻不是由這些工作來定義的，產品經理的職務也是相同的道理。

產品經理的最高職責與貢獻在於，確保工程師受命打造的是真正值得推出的產品，而且能夠交出必要成果。這意味著，產品經理、設計師和工程師協作想出的解決方案，必須兼具價值、易用性、實行性和商業可行性。這才是產品探索，才是每天應扎扎實實投注四小時去做的事。

我期勉產品經理保護好工作日這段優質時間，然後利用之外的半天時間去處理其他事務。當然，專案管理工作還是要完成。因此，產品經理必須找能夠承擔專案管理的交付經理合作，這樣就能切實專注於產品管理。

我知道許多產品經理（包括不少優秀的產品經理）覺得不宜放棄專案管理職責。無論如何，如果產品經理無法保障每個上班日有四小時優質時間，那麼不是必須延長工作時數，就是落得最後交不出成果、淪為失敗者。可能有人會爭辯說，重點是用更精明的方法做事，而不是拼命

工作。我絕對同意這個論點。事實上，讀過《矽谷最夯·產品專案管理全書》的人都知道，重要的是以更靈巧的方法迅速完成工作，而不是只會埋頭苦幹。我在這方面著作等身，所以聽我的不會錯。即使是老練又能運用最新技巧的產品經理，每個上班日照樣需要四小時優質時間。

可能有人會爭論說，不管哪時有空，總還是會有工作落到頭上，一般來說這是事實，產品經理當然也不例外，但這不屬於本章討論範圍。如果產品經理具有負責人而不是雇員的思維，而且致力於成果而不是待辦事項清單，就能真正地帶來成果。

請注意，我在這裡談論的是，獲得賦權產品開發團隊的產品經理。在下列多種極常見的情境裡，產品管理會有天壤之別：

- 如果你是交付團隊的產品負責人，那麼這裡談論的課題並不適用於你。
- 如果你是功能開發團隊的產品經理，那麼你的職務更準確說，比較像是專案／交付經理，此處所談同樣不適用於你。
- 在人員不多的新創公司，專案管理稱不上重擔，產品經理應當能夠應付自如。

當今要掌控自己的時間比以往難上加難，因此也更重要。如果你的職責是管理或教練產品經理，那麼時間管理應當是最重要的課題之一。

第15章

思考能力

在前面探討教練主題的系列章節裡，我講述了評量產品開發人員能力的工具，然後提供了一些範例，詳細說明如何制訂教練計畫，以協助他們先具備稱職的能力，然後全面發揮潛能。

我們還討論了一對一教練的重要性，以及敘事寫作技巧。然後也談論除了技能與技術之外，產品開發人員應有的心態，包括像負責人而不是如同雇員那樣思考事情。

在本章，我將處理心態的另一個層面，也就是思考能力。我要承認這是有點尷尬的議題，卻是勝任的產品開發人員最重要的一項能力。人們常會把有思考能力的人簡化成聰明的人。我也是這樣的人。然而，「聰明」的語意含糊不清，恐會模糊了真正的議題。

當我們說某個人聰明，多半是指他有智慧。然而要先認清，智慧和思考能力判然有別。有效率地思考（以及在產品職涯功成名就）確實需要一定程度的智慧。但是，我見過無數有智慧的人白白浪費了好腦筋，只因他們不知道如何（或是無意）透過思考來實際解決難題。

其次，我們必須認清，獲取知識與應用知識截然不同。谷歌提供

了彈指可得的大量資源，使獲取知識變得前所未見地容易，但這對於幫助人們實際學會思考和應用知識，卻幾乎毫無建樹。為什麼思考非常重要？因為產品開發團隊的核心要務全然在於解決問題。

我熱愛與設計師和工程師合作，因為他們的工作精髓就是思考。這也是我偏好招募設計師與工程師加入產品管理行列的原因。確實，他們是創客（makers），但從事用戶體驗設計與實體化工程，基本上就是解決問題。設計師和工程師都擅長解決有許多限制的難題。這實際上也是他們每天都在做的事。

同樣地，產品經理要能夠解決問題。他們不從事用戶體驗設計，也不建構可擴充、容錯的解決方案，而致力於化解客戶的商務、產業以及自家事業相關的種種侷限。他們始終想著，解決方案切合客戶的需求嗎？有實質上優於備選方案嗎？這是公司能有效行銷和銷售的產品嗎？公司負擔得起打造它的成本嗎？相關的客戶服務和支援沒問題嗎？有遵從法律與規範的各項限制嗎？

此外，科技產品和服務還面臨一些特殊挑戰，其中之一是必須同時化解三種類型的約束：產品、設計與工程上的限制。因此，相關三方必須要建立真正的協作關係（這是下一章的主題）。

很顯然，從事任何職務都需要某種程度的思考與解決問題能力。然而，對於產品經理、設計師與工程師來說，那是核心能力。大家不難看出一位產品經理的思考能力是否薄弱。我非常鼓勵大家提出種種疑問，前提是提問前要事先做足功課，並且應先運用智慧努力思考過問題。但是很顯然有太多提問者沒做到這點。

優秀的產品公司在面試時，會試著判斷應徵者思考與解決問題的能

力是否良好。重點不在於應試者能不能正確解答問題,而在於當他不知道答案時會怎麼做。

這時關鍵性的思考和解決問題能力就格外重要。

我最青睞培養良好思考能力的方法是敘事性寫作,這已在前面章節討論過。我曾警示,不習慣思考艱難問題的人,對敘事性寫作備感煎熬,而他們往往最有必要掌握說故事的技巧。我們可以從這方面看清某些人確實不適合擔任產品經理。

但只要他們有必備的智慧,而且願意善用智慧勤懇學習,我相信他們絕對能夠增進思考與解決問題的能力。無論如何,他們還需要管理者積極教練,而且必須真心誠意勤學苦練。

第16章

團隊協作

本章將接續教練產品開發人員的系列討論，主題是另一項時常被誤解或低估的重要技能，也就是團隊協作。「協作」這辭彙經常以不同方式被使用，導致丟失了原意。當然，大家普遍認為自己有協作精神，反對協作的人微乎其微。

然而，在獲得賦權的跨功能產品開發團隊的脈絡裡，協作有著非常具體的意義，而且絕對不是多數人（尤其是產品經理）偏好的那種做法。所以，這是管理者教練時必須著重的極關鍵領域。

我要特別指出，如果產品開發團隊有遠端工作的成員，團隊協作通常很折磨人，因此有必要加強教練遠距上班人員的協作技能。在《矽谷最夯・產品專案管理全書》裡，我談論了強效產品開發團隊必備的三項關鍵特點：**第一項是及早處理危機；第二項是團隊協作以解決問題；第三項是對結果當責。**

關於團隊協作以解決問題，早已不再是老派的由產品經理定義需求、交予設計師提出符合需求的設計，然後由工程師將設計實現的瀑布式開發過程（waterfall process）。

那麼，團隊協作確切的意思是什麼？

我們先來談什麼不是協作。首先，團隊協作不是尋求共識。雖然我們期盼團隊同意行動方案，但我們不預設或堅持，而寧可仰賴團隊每個成員的專業。基本上，如果技術主管認為需要特定的架構，我們會聽從他。當然，難免還是會有歧見發生，這時我們就進行測試來化解紛爭。

其次，團隊協作不是製造產出物（artifacts）。許多產品經理認為，他們的工作是產製某種形式的「需求」文件，或是寫出一些使用者故事（user stories）。沒錯，有時我們必須創造一些產出物（尤其是團隊有遠距工作的成員時），但這當然不是團隊協作。事實上，這些產出物常會阻礙實際的團隊協作。

為什麼會這樣？因為一旦產品經理宣布了某種「需求」，通常會使團隊終止對話，並將討論轉移到實做方面。此時設計師會覺得他必須確保設計合乎公司的風格指南，而工程師會認為他們的工作就是寫程式，於是就回歸到瀑布式開發過程。

再者，團隊協作也不是相互妥協。如果團隊折衷得出的結果是平庸的用戶體驗、低性能、有限的可擴充性，以及使顧客半信半疑的價值，無疑就是一敗塗地。我們必須找出行得通的解決方案，也就是要有價值（足以使目標客群購買或使用我們的產品或服務）、易用性（用戶能實際體驗到價值）、可實行性（我們能確實交付價值），而且具有商業可行性（公司其他部門可以有效行銷、銷售與提供用戶支援）。為達成這個目標，必須了解我們不懂的事物、承認我們有所不足，還要專注探索可行的解決方案。

這一切都要真正的團隊協作。

請記得，在獲得賦權的跨功能產品開發團隊，每個成員都因擁有必要的技能而被選中，他們的任務是以顧客鍾愛且商業上可行的方式，來解決受指派的問題。一切始於產品管理、設計與工程之間確實並且密集的協作。

　　我最喜愛的協作方式是，大家圍繞設計師創造的原型坐下來，檯面上檢視和討論解決方案。設計師可以考慮不同取向的用戶體驗；工程師可以考量不同體驗取向的意涵，以及各式賦能科技的潛能；產品經理可以思考每個可能的取向會帶來的影響和後果（例如會不會侵犯隱私權，或是能不能在公司的銷售通路暢銷？）

　　請注意，在產品探索過程，特定工具與技巧既可促進團隊協作，又能在協作中創造產出物。原型和故事地圖（story maps）是兩個眾所周知的範例。創造與討論原型和故事地圖可促進真正的團隊協作。如果團隊費盡心血使原型或故事地圖與時俱進，也可以發揮作用，像是記錄下探索過程中的學習歷程和各項決策。工具的實質好處在於增進團隊協作。不論如何，最終得到的產出物也是一項良好的附帶利益。

　　原型以及原型促進的協作本質都不是關鍵要項。重要的是，產品經理和工程師不要對設計師的工作指手畫腳。產品經理與設計師也不要指示工程師如何就緒。設計師及工程師亦不要告訴產品經理怎麼善盡職責。

　　在健全又幹練的團隊裡，每個成員應信賴其他人做足了功課，並各自以必備的技能做出貢獻。然而，請不要誤以為設計師只負責易用性、工程師只擔當實行性，因為這種誤解會使人捉不住團隊協作的真正要領。

　　對用戶和他們的行為有深刻了解的設計師，通常會有許多洞見，能夠引領我們以別出心裁的方法解決問題。他們的慧眼也為產品價值帶來

重大作用，以及間接地影響產品性能等方面。

同樣地，對賦能科技有真知灼見的傑出工程師，常能在解決方案上帶領我們另闢蹊徑。他們的解決方案經常比產品經理、設計師或客戶能想出的任何方案更爐火純青。

當獲得賦權的產品開發團隊那些，積極又老練的成員圍坐著檢視和討論原型，或觀察使用者與原型互動，做到名副其實的協作時，我會滿心喜悅認為神奇的事情將隨著發生：工程師別具匠心，設計師將推陳出新，產品經理別開生面。在多方探索之後，他們會發現真正有價值、易用性、實行性，而且具備商業可行性的解決方案。

根據我的經驗，團隊協作最常在兩種處境下出錯：

- 首先是產品經理沒有做好功課，而且不熟悉銷售、行銷、財務、法務、隱私權等形形色色的商業層面與相關限制，以至於產品開發團隊無法獲得解決問題所需的實質資訊（這通常意味著他們會走回功能開發團隊的老路）。因此我在前面討論教練的章節就強調，管理者的優先要務是評量產品經理職能，而且要訂定教練計畫幫助他勝任。
- 第二個會使團隊協作發生差池的境況是，產品經理剛愎自用。如果產品經理認為心中的解決方案顯然最好，即使他的想法正確，也會扼殺團隊協作，如此一來團隊很可能成為傭兵團隊，而不是傳教士團隊。

協作有另一種重要的形式，就是接洽潛在客戶以判斷產品是否契合

他們的需求，這在有直銷隊伍的公司尤其重要。這是固有的做法，但管理者要先了解根本的問題與各項限制，然後再與潛在客群協作，確認解決方案切合他們的需求。這種形式的協作是客戶需求探索計畫的核心技巧。❶

協作意指產品經理、設計師和工程師一起，與客戶、利害關係人和高層主管合作，提出能夠一勞永逸化解所有侷限和風險的解決方案，也就是顧客鍾愛而且商業上可行的解決方案。

日益精進而且名實相副的協作，是產品開發團隊出類拔萃的核心要素。管理者應積極教練新任產品經理，幫他增進協作本領，使團隊成員各種技能與心態相得益彰。

---

❶ 《矽谷最夯‧產品專案管理全書》第 4 篇詳盡講述了這項技巧，可說是最強效的顧客需求探索技巧。

第 17 章

與利害關係人協作

功能開發團隊的成員（尤其是產品經理和設計師）往往畏懼涉及利害關係人的議題。他們把利害關係人視為最差勁的獨裁者，或至少是必須處理的絆腳石。這是另一個區別，功能開發團隊和獲得賦權的產品開發團隊極明顯例證。

採用功能開發團隊模式的公司，開發功能通常取決於利害關係人，他們認為自己是「客戶」，而且把功能開發團隊視為「受雇的資訊科技資源」。也就是說，他們認為功能開發團隊的作用是「為企業服務」。

獲得賦權的產品開發團隊的目標是，「以顧客鍾愛且商業上可行的方式」來服務顧客。獲得賦權的產品開發團隊雖然也不能忽略公司事業，但團隊與企業的關係迥然不同。他們的任務是找出對於顧客和公司都可行的解決方案。雖然團隊大多是產品經理、設計師與工程師之間實質協作，但團隊成員也要和利害關係人真正協作，好確立健全的關係。

傑出的產品經理應了解，每個利害關係人各自負責公司某個關鍵層面，而且是有助於想出可行解決方案的主要夥伴。但協作不是要收集利害關係人的「需求」，也不是聽取利害關係人的解決方案。

一個常見的明顯範例是，我們努力的事情常會涉及法律問題，比如必須尊重隱私權或是遵循監管規範。這時，法規方面的利害關係人就是有助你了解各項限制和評估適宜性的夥伴。

我要重申，產品經理想和利害關係人確立具建設性的協作關係，必須先做足功課，這樣才能成為利害關係人事實上的夥伴，而不僅只是某種形式的促進者或專案經理。

當我們與公司高層主管協作時，以上所說的一切格外重要。一般來說，組織裡愈資深的高層主管愈會關注一切事務，例如顧客、品牌、營收、法規遵循等，因此，產品經理務必要做好各種功課。

與利害關係人和高層主管協作要細心聆聽，盡力了解種種侷限，並深思熟慮各種顧客鍾愛且商業上可行的解決方案。創造出色的產品絕非一蹴可幾，但當產品開發團隊和主要利害關係人建立了牢固的協作關係，工作起來會更輕鬆愉快。

這要從管理者對產品經理的教練著手，務求產品經理熟悉各利害關係人的角色、明白他們的職責、清楚他們所關切的事物以及原因，並且了解他們需要什麼來獲取成就。

深入閱讀 | 建構信任的基礎

現代一切的產品開發圍繞著各種關係，產品經理尤其如此。

產品經理的關係清單即使排除掉供應商、分析家、媒體記者

與顧客這些外部人員，光是列出內部人員就無比龐大，其中包括工程師、設計師、資料分析師、用戶研究人員、其他產品經理等協作者，以至各階層主管和銷售、行銷、法務、風險、創辦人和商業線索等領域的利害關係人。

在當今的產品組織裡，產品經理的效能取決於送往迎來而游刃有餘的能力。他必須了解其他人繁多的日常工作，同時也要推進自己的待辦事項。有時，產品經理必須接受教練才會明瞭，在有需要之前就建立信任，是最輕而易舉的事，前提是要慎重行事。

請管理者讓產品經理嘗試練習：列出經常協力人員的名單，接著再把經常徵詢意見的利害關係人納入名單，然後圈出三到五個對他工作成果最不可或缺的人，最後再圈選出一到兩個他最怯於應對的人。這樣他就能明白應當投注資源於哪些關係。

接著他該怎麼做呢？

請他按部就班逐一認識這些人。如果他們能面對面喝咖啡或吃午餐最好，如果不能，也可以安排視訊會議。你要鼓勵他在工作以外的場合逐步熟悉最有必要經營關係的對象。如果他覺得自在的話，也請他和對方分享自己的事情。這時要真心誠意才能創造信任的基礎。

然而，並不是所有人都能自在做到這點，所以沒必要勉強。但是你要提醒他，勤懇一些對於建立信任很有幫助。對於那些攸關工作成敗的人，產品經理應時常找他們談話，或許每隔一到兩

週就聚一聚，而且避談工作，充分利用時間在建立關係和互信。

　　當然，若對方居住於不同的城市或國家時，就不容易辦到。在這種情況下，產品經理可以額外花時間打電話和對方談工作以外的話題，增進彼此信任。一旦建立起互信，雙方的互動就會更加平順。那麼當雙方在專業上意見分歧時，就比較容易認清彼此不是針對個人。如果共事者是自己關心的人，一起工作一定更加愉快。

第18章

冒名頂替症候群

關於冒名頂替症候群（無法將自己的成功歸因於自身能力，總擔心有朝一日會被他人識破自己其實是無實力的騙子。）我有一些與眾不同的看法。

首先聲明，這裡討論的不是罹患精神疾病而身心耗弱的人。我認識一些陷於這類處境的人，沒有人會使用「冒名頂替症候群」這類輕度的術語來指稱他們面對的重度焦慮。

儘管如此，就像多數使用冒名頂替症候群這個名詞的人一樣，我相信確有其事。事實上，我認為多數心智健全的人（至少那些非極端利己主義者）會懷疑自己，而且面對他人堅持己見時會感到不安。我（凱根）習於向教練對象強調，這是正常而且健康的憂慮，而且迄今我還是有這種憂慮。

其次，我們應該承認確實有人自認是冒牌貨，這是一件重要的事情。有許多人（尤其是在產品開發與設計圈）公開於社群媒體，或透過撰文和寫書，或在演說會上為這症狀胡言亂語幫腔，常使我備受挫折。

我覺得冒名頂替症候群非常健康，而且是必要的多愁善感，也是我

們心靈上的重要訊號。多數人卻誤解了這項訊號。他們認為冒名頂替症候群只是人人都有的本能恐懼和不安全感，而且必須克服這些憂懼。

與我的解讀截然不同。我認為這是心靈在警告我，如果不做足功課、真正地做好準備，就必須承擔後果。由於擔心在眾人面前演說時漫無頭緒，我會熬夜認真研讀、思考、寫作、排練和反覆演練。

最要緊的是，這種擔憂會促使我在事前找敬重的人試驗我的文章、演說、簡報，而他們會直言不諱，指出我的思維或演講方式有無破綻。我很清楚自己的憂慮事出有因，因為我確實一再地被那些人拯救了。

我在會議上常見到一些有冒名頂替症候群、卻明顯沒認真看待這個心靈警訊的演說者。對於他們克服怯場在眾目睽睽下演講，我們應當給予讚揚嗎？對我來說，這麼做就像是獎勵一個只是到比賽會場露個臉的小孩。

再次證明，管理者與領導者必須充分關懷部屬，而且要樂意投注時間與精力教練他們。每當我看到產品經理在會議上向高層主管做簡報卻不知所措時，我主要不是對他，而是對他的管理者感到失望。

為什麼管理者沒有確保產品經理做好準備呢？他有誠心給予產品經理適切的回饋意見嗎？他有堅持事先檢閱產品經理的簡報草稿或預演嗎？如果簡報主題不屬於自己的專業領域，管理者有確保產品經理找到專家取得有用且誠實的回饋意見嗎？如果產品經理在大庭廣眾中說話會緊張（多數人都會），管理者有提供他循序漸進來習慣公開演說的機會嗎？或者，管理者有讓產品經理接受簡報訓練嗎？

信賴是獲得賦權的產品開發團隊的基礎，產品經理尤其要贏得高層主管的信任。當產品經理在高層主管面前沒做好準備或顯得頭腦簡單，

信任會隨著煙消雲散，要重建信任又談何容易呢？

所以，我會對管理者和領導者說，他們的能力強度只跟最弱的部屬有得比，也是出於這個原因。

不論你是產品開發人員或領導者，都沒有理由認為自己是冒牌貨。你只是必須傾聽自己心靈的警訊，做足功課、找信任的專家給予坦誠的回饋意見，然後反覆演練，直到他們滿意地肯定你真正為產品增添了價值。

第19章

以客為尊

本章將探討如何發展以客為尊的關鍵特質。

如果問一家公司的執行長或產品開發人員是否關懷顧客,他們往往會憤憤不平回答說:「當然關心!」有時他們還會帶著戒心反問:「你是在暗示我們不關心客戶嗎?」

幾乎每個人都會大談闊論他們多麼關懷顧客。但實際走訪公司看看他們如何處理產品故障、產品變更對顧客造成的困惑和挫折,或是了解一下他們實際與用戶和顧客坐下來交談的頻率,我們很容易可以看出,他們的說法和日常實際作為判若雲泥。

一家公司是否以客為尊和企業文化有極大關聯,當然也深受公司領導者言行舉止影響。我要預先說明,如果公司領導者不是誠心關懷客戶,那麼產品開發團隊或其他任何員工,很難做到以客為尊。我從每一個實際個案明白了,一家公司如果真正以客為尊,必然源自最高階層真心關懷顧客。

假如這是貴公司核心價值所繫,而不是口惠不實,那麼我們就來探討如何使產品開發人員以客為尊。

很顯然，某些人比其他人與生俱來同理心，但以我的經驗來說，人們往往傾向於對不熟悉的人做最壞的假設。最常見的是，產品開發人員一般假設顧客不是很聰明。

先強調，使用「顧客」這個名詞要很明確且小心。

一個極為常見的問題是，產品開發人員認為有形形色色的顧客，而且除了實際付費的顧客之外，利害關係人和執行長也被他們視為顧客。我認為這是科技「為企業服務」老派角色的遺物。問題出在（而且我個人深有感觸），這除了會混淆他們與利害關係人的彼此關係，也會嚴重削弱真正的顧客的角色。

因此，產品開發人員必須認清產品的各種構成要素。除了面向客戶產品的使用者這些真正的顧客之外，我們可能還有內部的顧客賦能（customer-enabling）產品的使用者，以及利用平台服務的研發者。他們對於提供價值可能不可或缺，因此至關緊要，但他們都沒有真正顧客具有的那份量和重要性。

我在面向顧客的網際網路公司也看到相同的問題，他們同樣傾向把廣告夥伴視為顧客，然而廣告夥伴並不是真正的顧客。公司成員必須了解這件事。他們與廣告夥伴合作是為了開發「真正的顧客」需要的產品。如果真正的顧客不喜愛產品，那麼他們和廣告夥伴同樣是失敗者。

產品開發人員應維護顧客這個名詞近乎神聖，這樣有助於他們看清顧客在團隊的行動與決策中扮演的角色。

我非常熱中於運用說故事技巧使人理解，關懷顧客在實務上的真正意義。

我醉心的故事包括早期的聯邦快遞結婚禮服故事 ❶、REI 的登山健行鞋故事（電影《那時候，我只剩下勇敢》〔*Wild*〕❷ 講述了這個故事），以及可以在《想好了就豁出去》（*Delivering Happiness*）這本書裡讀到創辦人謝家華在 Zappos 早年許多美妙的故事。

我也建議大家，持之以恆每週至少與顧客互動一小時。在每週的一對一教練期間，我總愛詢問產品開發人員與顧客互動的情形，了解他們學到了什麼。我也鼓勵他們向我和公司分享拜訪客戶時親歷的故事。我的目的在於，使產品開發人員深入認識用戶和顧客，並為他們建立以客為尊的名聲。

產品開發人員如何處理棘手或壓力沉重的事情，是確認他們是否以客為尊的真正考驗。當顧客因我們的產品出了某些問題而止步，這時產品開發人員會怎麼應對？會讓一切照舊嗎？還是帶著急迫感（不是驚慌）以身作則想出有效的絕決方案？

有些公司的領導者會在這時主動向產品開發團隊伸出援手，提議竭盡所能給予協助。這是我最樂意見到、真正以客為尊的行為之一。因為領導者沒有訴諸微管理的做法，而向團隊傳達了明確的訊息、彰顯他們的重要性。

請留意，在真正以客為尊的公司裡，如果產品開發團隊不像高層主管那麼重視解決顧客問題的優先順序，主管們可能會對團隊喪失信心，而且往往會插手管東管西。他們或許很支持賦權的概念，但如果必須在

---

❶ 原文參考請掃描右方 QR code 　　❷ 原文參考請掃描右方 QR code

團隊和顧客之間做出選擇，相信不重視以客為尊的團隊不會喜愛主管的最後決定。

最後，雖然產品開發人員必須真心喜愛並尊重顧客，但不能認為自己的職責是詢問顧客該打造什麼樣的產品。我一直強調，產品開發人員的職責是為了顧客的利益來創新，而且強大的產品經理做事的方法和焦點團體大相逕庭。

根據我的經驗，新任產品經理大約需要一年或更久的時間，才能全心全意且貫徹始終地以客為尊。在這個過程中，難免會發生一些失誤，但藉由積極又有建設性的教練，管理者可以協助他們學會如何體現以客為尊，然後向團隊其他成員和更多的同事傳達以客為尊的重要性。

第20章

始終如一

本章和下一章將探討產品開發團隊兩項最嚴格、也最關鍵的成功要素。

這章討論始終如一這個主題，下一章則聚焦於決策。雖然兩個主題明顯不同，但也相互關聯。我先講述始終如一這個主題，這是獲得賦權的產品開發團隊做好決策的基礎。

獲得賦權的產品開發團隊的產品經理，尤其不能只把始終如一當成某種崇高的「理想目標」。正如我先前的解說，獲得賦權的產品開發團隊的基礎是信賴。產品經理與高層主管、利害關係人、顧客以及自己的團隊相互信任。我也闡釋過，如何在專業能力和品格的根基上建立信賴。始終如一正是團隊「必備品格」的核心要項。

我首先要承認，保持始終如一絕不是易如反掌的事。總是有許多外力不斷挑戰我們的堅持。

想像一下，執行長於會議中使你深刻領悟到，在緊要關頭達成使命的關鍵重要性。然而，你很清楚團隊需要更多的時間。或是，顧客宣稱被你們誤導而接受了讓人失望又憤怒的產品。或者，你的利害關係人透

露，覺得產品和科技部門沒能支持他善盡職責，所以正考慮離開公司。或是商業開發夥伴正大舉投資你們，而你們的產品其實不可能提供他們需要的價值。

我可以再舉更多例子，但我猜你懂我的意思。多數產品開發人員都親歷過這些處境，也竭盡所能採取行動來應對問題。他們沒有讓這些問題阻礙長期以來的努力，並且設法維持始終如一。

經驗老到的管理者能教練產品開發人員安度難關，並使新進人員有所作為：偵測並避開各種地雷、明瞭優先順序與更廣大的脈絡、在芸芸眾生中游刃有餘。

教練產品經理應對種種挑戰，先斟酌他來自哪種團隊，再採取相應的方法。如前所述，功能開發團隊的產品經理更像是專案經理，他的角色固然棘手但維持始終如一依然重要，只是基本上他還是要扮演信使，把各項需求、限制、日程傳達給產品開發團隊，並向管理階層轉達團隊種種顧慮、狀況或壞消息。

教練產品經理時期望會更高：產品經理必須努力設想顧客鍾愛且商業上可行的解決方案，也要熟知和了解商業，還要有能力以創意的方法解決艱難的問題，雖然這不是持續能夠做到的事。

接下來要分享的要點，曾對我和教練過的人產生作用。但這不是保持始終如一的唯一路徑。事實上，相應於不同的公司價值與國族文化，會有各異其趣的途徑。如果我能促使你認真考量維繫始終如一的重要性，就達成了有益的結果。

教練產品開發人員保持始終如一，要專注於三個基本要項：可靠性、公司的最佳利益，以及當責（accountability）。

可靠性

剛開始時，要讓產品開發人員牢記，必須謹言慎行。向他闡明，如果誤導了高層主管、客戶或利害關係人，即使立意良善，他在公司的信譽可能永久蒙受損害，還會阻礙產品開發團隊建立各種必要的互信關係。

展現和維繫始終如一這項特質，最重要的是「高誠信承諾」（high-integrity commitment），我們會在第 7 篇詳加討論。

首先，如果產品開發人員要對顧客、利害關係人、高層主管、夥伴或自己的團隊許下諾言，必須是根據充足的資訊判斷而做出承諾。其次，他絕對要不遺餘力履行諾言。

這意味著，除非他的產品開發團隊已適當探索，並合理衡量過價值、易用性、實行性與商業可行性風險，否則就不要給出承諾。明確地說，就是要依靠設計師和工程師的專業與經驗。

此外，獲得賦權的產品開發團隊不能只是交付所承諾的事物，還必須能發揮作用，為顧客與／或公司解決問題。這不是輕而易舉的事情。要管理好「高誠信承諾」，關鍵在於建立具有可靠信譽的產品開發團隊。

公司的最佳利益

產品經理必須為了公司最佳利益而行動，而不是只保護自己或團隊的利益。

在大型公司（尤其是高度涉及政治的公司），常會懷疑某人有自己的計畫或是「勢力範圍」。獲得信任與賦權的產品開發團隊成員（尤其是產品經理）不僅要了解公司整體目標，更要真心誠意為公司的成功全

力以赴。（在這裡提醒大家，以股權提供誘因和獎酬計畫有效的主要原因在於，除非公司贏，否則我們沒人會贏。）

新進的產品經理常會問說，他只是一個團隊的產品經理，要怎麼做才能展現他對公司最佳利益的了解。其實他有很多機會：幫助其他產品開發團隊完成某項關鍵目標、為顧客或利害關係人做到超越他們期望的事，或是公開歸功於同事。最常見的機會是，支持一個對自己團隊不必然最理想、但很顯然有益於顧客或公司的決策。

功能開發團隊和獲得賦權的產品開發團隊另一項差異在於，二者敬業與投入程度迥然有別。領導階層不難看出，一個團隊對於公司使命和自身角色功能是否不遺餘力。專案經理總是訴諸最後期限來鞭策團隊，而獲得賦權的產品經理則向他的傳教士團隊傳達公司的總體目的。

當責

賦權的產品開發團隊的任務是達致成果。伴隨賦權而來的必然是對結果當責不讓。那麼，要怎麼付諸實行呢？幸好，一般來說，即使最後沒能實現成果，當責者也不至於被開除。

在獲得賦權的團隊，產品經理當責不讓意味著，自願對錯誤承擔責任。即使是團隊其他成員犯的錯，產品經理始終要自問，應當做什麼好更妥當管理風險，或是促成更好的結果。

你可能聽過這句老生常談：「如果產品開發團隊成功了，那是因為所有成員善盡職責，假如失敗了，那就是產品經理怠忽職守。」有些人認為這是一句詼諧但不切實際的話。

然而，請思考一下，假如工程師花了比預期更長的時間才交付產

品，那麼產品經理有沒有事先充分了解實行性風險呢？他有請益並且傾聽工程師的種種憂慮嗎？如果他製作了快速原型以驗證實行性，很可能在產品探索階段就能發現實際成本。或者，假設產品面臨重大法律問題，陷入受罰的險境。產品經理難道不該在探索過程測試商業可行性時，就把法規遵循這個核心要項處理好了嗎？

我要著重強調，始終如一不是盡善盡美的意思。犯錯是人之常情。只要產品經理的各項承諾全然受到信任、總是為公司最佳利益盡心盡力，而且對自己的錯誤承擔責任，他就能化險為夷。

第21章

決策

前一章探討了始終如一的重要性，並闡明這是獲得賦權的產品開發團隊決策的基礎。在本章，我要聚焦於如何教練產品開發團隊做出好決策。請記得，功能開發團隊多數有意義的決策出自高層主管與利害關係人。相反地，獲充分賦權的產品開發團隊則有決策主導權。

當我說「好決策」，指的不只是符合邏輯、妥適參考資料做成的商業決策，同時也意味著產品開發團隊成員、高層主管、利害關係人、顧客即使不同意也給予支持而且了解的決策。

你可能會問，為什麼要擔心這些人是否支持？或許你認為只要對產品與顧客有益，決策終究會產生成果。那麼你可能忽略了人與公司的複雜現實，而在獲得賦權的傳教士（不是傭兵）團隊，這點尤其不能輕忽。

賦權的產品開發團隊實際上每天要做出許多決策，而識別最佳團隊的方法往往是看他們如何做出決策。

首先，必須銘記在心的是，好決策的根基是貫徹始終：你的各項承諾受到信賴、大家相信你的作為符合公司最佳利益、你主動對最終結果當責不讓。

其次，做決策時，必須時時謹記我們全力追求的成果。我們想要如願以償，也就是說，期望決策適時帶來美好的成果。此外，我們想使領導者和利害關係人明白並尊重決策的根本理由，即使他們可能會做出不同的抉擇。而且我們想讓相關各方真正感受到被傾聽和受尊重，即使最終決策並不契合他們的想法。

教練產品開發團隊做決策，除了要記住這兩點之外，還要著重下列五個關鍵要項：

適度的決策分析

要緊的是承認，並不是所有決策都同樣重要，或是都會產生成果。畢竟我們每天都在做決策，從選擇修正哪些程式錯誤，到敲定用哪個最妥善方案來解決難題。產品開發團隊要估量風險等級，以及相關的後果嚴重性。

後果意味著，一旦犯了錯會不會出大事？在很多情況下，我們實際上能在幾個小時內彌補錯誤。在某些狀況下，後果可能會使產品、甚至公司的未來陷於險境。

可能基於風險等級和後果嚴重程度，你深感有必要在做出決策前蒐集到關鍵的資訊。但有時又會覺得，你可以安心依據現有還不完善的資訊來做出決策。

決策時也要深思哪些人會受到影響。而且決策還可能對營收、銷售或法務等造成衝擊。如果你需要其他關鍵人士，像是高層主管或利害關係人或顧客給予支持，就必須聽取他們關切的事項和種種限制條件，並且把這些帶入決策過程。

想在高風險的嚴重形勢中做出好決策，尤其要從創造攻擊計畫（plan of attack）著手。我會投注許多時間探討這個主題，因為我在這方面的管理和教練經驗，有助於產品開發團隊在起步階段找到正確方向。

舉例來說，新手產品經理通常會嚴重低估或是過度高估風險。結果他會花費太多時間探索無關緊要的事項，以致沒有足夠的時間分析重要事項的風險。

基於協作的決策

我教練過的產品經理，幾乎都曾對決策自主權困惑不已、苦苦掙扎。我必須盡力改變這種心態。

在前面我闡釋過實質協作的重要性。對於特定決策，我期望產品經理信賴、大抵聽從團隊成員的專業和經驗，尤其是在設計／易用性，以及科技／實行性相關決策上。

好決策沒必要徵得每個人同意（共識模式），也不必取悅大多數人（投票表決模式），亦不必由某個人來做出所有決策（仁慈的獨裁者模式）。

如果是攸關賦能科技的決策，我們應盡一切可能遵從技術主管。如果是攸關用戶體驗的決策，我們應盡一切可能順從產品設計師，如果是攸關商業可行性的決策，我們應聽從產品經理與協作的相關利害關係人。

最棘手的往往是攸關價值的決策，因為價值是公司整體的目的。

化解歧見

雖然基於協作的決策能夠因應多數情況，但我們仍可能面對某些

存有歧見的處境。例如，技術主管和產品設計師對最佳解決方案意見分歧，或是執行長或其他高層主管與產品開發團隊意見相左。

要了解，那些獲得賦權、真正關懷工作與顧客的優秀產品開發團隊所屬的卓越公司，這類歧見很常見，也對公司體質有益。尤其是做決策時往往只有不完善的資訊，這時不同的意見與判斷能夠發揮必要的作用。

比如說，假設技術主管與產品設計師有歧見，技術主管認為設計有不必要且難以實行的地方，設計師卻主張這是基於用戶體驗的必要設計。此時最重要的考量，應當在什麼時候、用什麼方式來進行測試。

於是經驗老到的管理者就能派上用場了。你能教練產品開發團隊以成本最低而且最適當的探索技巧，進行測試和彙集必要資料。一般來說，這涉及創造特定樣式的原型，然後運用它來採集證據，或是在必要時蒐集具有統計顯著性的結果。

請注意，如果是採行協作決策方式，為了化解歧見有必要進行測試，在極少數情況下，產品經理必須否決團隊的決策，或向上呈報給資深管理階層定奪。

公開透明

請謹記，我們的目標是促使團隊和領導者了解決策的根本理由，因此決策過程務必要公開透明。我們不想讓任何人認為決策是在資訊貧乏下做的，或是遭人誤會漠視他們重要的關切事項，或者被懷疑有人為了自己意圖實現的目標。

對於較不重要的決策，通常只需要以備忘錄簡要說明決策理由。至

於重大決策，最好以敘事文章來闡明決策，尤其是問答集的部分要列出預想的反對意見或顧慮，並附加在文章後面。

許多產品經理最初會抗拒敘事寫作這種嚴格考驗，然而正因為做成了會產生結果的決策，也就更有必要以說故事手法來闡釋決策。

反對與同意

正如前面所說，必須認清卓越的組織也常發生歧見，而且有時爭執會很激烈，甚至在完成測試、採集了證據之後也不例外。這不是糟糕的事情，只要是傳教士團隊必然會有這種明顯的跡象。

無論如何，我還要鄭重強調，雖然歧見和辯論是必要而且有益的，但最終還是必須尊重彼此有不同意見的權利。多數人了解這點，只要他們自己的想法有被人聽進去也有受到考慮，他們就會尊重不同意見。但這還不夠。

團隊（尤其是產品經理）必須進一步承諾會落實決策，即使彼此有著不同意見。對於新任產品經理來說，這不是易如反掌的事，因為團員會擔心主管能否維持始終如一。

首先，請想像一下，如果產品經理向領導階層說，他尊重技術主管的專業意見，但不同意最終促成的決策，對團隊會有多大的傷害。或者試想產品經理不贊同領導階層的重大決策，還向團隊抱怨連連，又會造成什麼樣的影響。

然後再比較一下這個情況：產品經理分享各種被納入考量的看法和意見，然後說明決策的理據，以及他打算怎麼促使決策獲致成果。產品經理沒必要隱藏他的個人意見，但必須讓大家知道他了解各種不同的備

選方案，以及最終決策的理由，而且會全心全意使決策獲致成果。

產品經理要在職涯更上層樓，並逐步負責更艱難、更重要和更能產生成果的決策，就要持續不斷精進決策能力。在我們對產品經理的每週例行一對一教練期間，光是討論這個主題就能獲得很有建設性的成果。

最後要請各位謹記，深深影響我（凱根）的網景前執行長吉姆・巴克斯代爾（Jim Barksdale）家喻戶曉的三大決策法則：

1. 如果看到蛇，就把牠殺了。❶
2. 不要玩弄死掉的蛇。
3. 所有的機會起初看來都像是蛇。

❶ 如果你不熟悉美國南方俗語，「蛇」是指必須做的重大決策。所以，第一法則是要明辨重大決策議題，然後做成決策。第二法則是，別一再回頭去修改先前的決策。最後，請記得，機會總是起始於看似艱難的問題或決定。

第22章

高效會議

事先坦承，我不熱衷開會。我參與過無數準備不足、主持人笨拙、步調緩慢、浪費時間的會議。這些會議使我無法去做更為重要的事情，長久下來我傾向反對開會。

不過，我也親歷過一些截然不同的會議。主辦方準備周全、資訊條理分明，會後也做出了與會者都能理解（即使他們並不贊同）的扎實決策。於是，我擔任教練時很注重如何開會，以及是不是真的有必要開會的問題。

透過開會，公司高層主管很容易對產品開發團隊成員（尤其是產品經理）做出各種判斷。在開始探討這個主題以前，我還要著重強調一件事情：我要談的不是產品開發團隊成員之間的會議，比如說站立會議或回顧會議，或是任何的日常互動。如果產品經理和設計師，針對原型召開視訊或面對面會議，雖然也是開會，但只是日常例行工作，不屬於本章的討論範圍。這裡要探討超出產品開發團隊範圍的會議，這包括團隊和利害關係人、高層主管、夥伴或其他團隊的成員之間的集會。

我們先了解，固定時間開會是最讓人痛苦的事情。這意味著時間一

到，每個與會者不論身在何處，都必須停下手上工作參與會議，不論是親自到場或是透過視訊、手機開會。所以這不是討喜受歡迎的事情，會議召集人必須引以為戒。

如果有辦法達到開會的目的，又不致影響到其他事情，那是再好不過。比如說，現況更新或是互通新發布的資訊都是很好的範例。雖然開會的理由不勝枚舉，實際上產品開發組織開會的原因大致可分為三大類：溝通、做決策與解決問題。

溝通會議

在這種情況下，召集人通常認為某些非常重要或複雜的資訊，不能透過像傳送電郵這類方式而必須開會來向大家傳達。例如，領導階層有時必須召開公司全體會議好闡明產品策略。

決策會議

當產品開發團隊自主決斷可能影響到公司其他部門，或是涉及重大風險而不可自行定奪時，就必須召集決策會議。在這種情況下，我非常推薦大家運用說故事技巧。在會議開始時，讓每位與會者各自朗讀針對議題寫作的敘事文章，然後大家共同討論並最終做出明智的決策。

解決問題的會議

第三類會議基本上是為了解決問題而召開。這時我們不知道哪種行動方案最妥適（否則我們可能已寫進敘事文章裡提交決策會議定奪）。然而，我們相信，在會議室裡集思廣益，或許能夠解決特別棘手的難題。

比如說，針對服務中斷問題召開事後檢討會議，思考如何防範未來再發生類似問題。

如何組織高效會議

以下是我教練產品開發團隊如何開會的方法：

- **目的**：首先，開會目的要非常明確。
- **與會者**：其次，要鄭重決定找哪些人來開會。召集人最好擬出兩份名單。一份列出絕對必須出席的人。如果他們在最後關頭無法與會，就要考慮是否有必要延期。另一份則列出悉聽尊便的人選。
- **籌備**：對於前述三種會議，籌備工作都是必要的。
  - 如果是**溝通會議**，要注重議題是不是清清楚楚？有沒有適當的溝通媒介？有沒有必備的影像或視覺輔具？
  - 如果是**決策會議**，要重視說故事手法，還要事前確認有沒有請相關領域的專家檢閱過敘事文章？
  - 如果是**解決問題的會議**，要著重於怎麼向與會者說明情況或來龍去脈？有沒有蒐集足夠的相關資料？對於會中可能提出的各式問題是否準備周全？
- **促進成果**：假設準備很充足，那麼剩下的工作就是促使會議達成預期的結果。至於怎麼促進成果，則取決於會議類型而各有巧妙。召集人的功能不是維持會議秩序，而是確保會議做出必要的決策，或是敲定解決方案。

- **後續追蹤**：一旦會議有了結論，還必須追蹤後續進展。這涉及將決策或後續步驟知會有關的當事者，但要慎重做好對外保密。

因此，會議的底線是（一）召集真正必要的會議，而且不要浪費所有與會者的時間，（二）準備充足，務必有效率又有效能，而且要能達成開會目的。

第23章

倫理

　　本章探討最敏感可能也最重要的主題之一：倫理問題。前面談論過，每個產品開發團隊理當深思熟慮四大風險：

1. 顧客會購買或採用我們的產品嗎？（價值風險）
2. 用戶能明白怎麼使用產品嗎？（易用性風險）
3. 我們能夠打造產品嗎？（實行性風險）
4. 利害關係人支持我們的產品解決方案嗎？（商業可行性風險）

　　我們通常把倫理問題視為商業可行性風險的一部分。如果我們的解決方案違背倫理，有可能導致公司陷入嚴重困境。在實務上，倫理面臨著兩個難題：

　　首先，商業可行性涉及許多不同層面：銷售、行銷、法務、法令遵循、隱私等，而倫理問題很容易就被忽略。其次，很少有利害關係人明確負責處理倫理問題。結果，產品開發團隊沒有給予倫理問題應有的重視，導致發生倫理過失而造成公司、環境、顧客和社會蒙受種種損害。

所以，我一直主張把倫理問題列為第五大風險，促使產品開發團隊確切地考慮倫理問題可能帶來的後果：

5. 我們應當打造這個產品嗎？（倫理風險）

進步的科技產品公司 Airbnb，確實有利害關係人專門負責倫理問題，我的長年好友羅伯・切斯納（Rob Chesnut）曾任 Airbnb 倫理長（chief ethics officer），直到最近才退下來，目前擔任 Airbnb 聘為顧問。他出版了一本討論倫理議題著作《Airbnb 改變商業模式的關鍵誠信課》（Intentional Integrity）。

切斯納是訓練有素的律師，最初擔任聯邦檢察官，後來出任草創不久的 eBay 公司法律顧問，我（凱根）就是在那裡和他相識。在加入 Airbnb 之前，他先後在多家首屈一指的科技公司任職和擔當顧問，職業生涯見多識廣。

切斯納數十年來在矽谷核心地帶工作，見過許多公司忽視倫理問題的下場。他指出：「領導者理當認清，世界發生了翻天覆地的變化，各家公司和領導者愈來愈有必要對倫理缺失的後果，勇於當責。」

科技業界當今大公司林立，他們普遍面臨著長期以來大型上市公司的相同挑戰。切斯納闡明：

「以往公司只有一個利害關係人，專門負責守住底線使公司得以牟利。這使得許多公司全然只顧眼前利益，只圖達成季度目標。同時也助長了許多現今逐漸被視為違反倫理的行為，並造成愈來愈多人不再信任

公司。那些喪失信譽的公司只在乎營利目標，絲毫不擔心產品是否真的有益於顧客、環境、事業夥伴或整個世界。」

「重要的是，公司必須認清還有其他利害關係人，並且要了解每個產品解決方案對這些利害關係人可能造成的影響。以 Airbnb 為例，我們不但考量投資人的利益，也很注重其他關鍵的利害關係人：員工、顧客、東家、事業所在社區。如果我們的決策一再對利害關係人帶來負面衝擊，我們就辜負了公司使命，長遠來說，事業也會蒙受損害。」

那麼，我們要怎麼把倫理落實於工作之中？

公司所有成員都要注重倫理，產品開發團隊尤其要在第一線守護倫理，因為他們負責新產品和服務的構想、研發與部署，肩負著思考產品倫理問題的重責大任。切斯納表示：

「優秀的產品開發團隊理當清楚解決方案可能造成的後果。這不光是營收，還有對廣大利害關係人的影響。我們應留意這些事情：產品解決方案對終端客戶有益嗎？會不會對環境或第三方帶來某種負面衝擊？如果產品的所有電子郵件、文件和相關討論全面公開，會不會使我們無地自容？如果政府的監管人員知道了一切，會不會採取什麼行動？你對自己的品牌產品引以為傲嗎？」

領導者教練產品團隊時，有必要討論上述這些問題。把這些主題攤到檯面上很重要。

「理想的公司是，當所有人被問到令人不安的問題時，都能心安理得。這有助於保護你的公司，免於倫理缺失導致的災難。」

那麼，當認知到解決方案有倫理問題時該怎麼做？

產品開發人員發現倫理問題時，往往會陷入進退維谷的處境，迷惘不知該如何處理。這種敏感的處境很顯然會讓人心緒激動。因此我們主張，最好另行探索不會有倫理顧慮的解決方案，然而，在某些情況下，你可能無法或是沒有時間做到這點。面對這種狀況，切斯納建議：

「慎重其事地說出你的顧慮，但不要自以為道德上高人一等。要努力闡明你誠心想要保護公司的最佳利益。」

最要緊的是，理解你的企業運作的方式，這樣才不會被人認為你對於商業過於天真或是一無所知。此外，面臨倫理問題陷入兩難處境時，可能有必要向管理者求助。

假如你覺得公司基本上不注重倫理問題，那麼該怎麼辦？

我很少鼓勵人辭職不幹。無論如何，如果公司根本漠視產品可能造成的後果，你最好考慮另謀高就。切斯納忠告：

「如果你無法以公司為榮，難以對公司影響世界的方式引以為傲，或是確信公司真的不在乎誠信問題，或許你該著手另謀出路。」

依我的經驗，絕大多數科技公司注重倫理問題，而且確實力圖以

某種有意義的方式改善世界。不過,即使是出於善意,有時也可能會有意想不到的後果。因此,產品領導者教練開發團隊學習倫理議題,成為日益重要的事,而首先要使團隊成員周全考量,是否應當打造某項產品。

第24章

幸福感

這是個陳舊的話題。而且你可能認為，管理者沒必要對產品開發團隊的幸福負責。然而，幾乎所有曾在科技業界任職的人都明白，管理者輕而易舉就能使產品開發人員苦不堪言。人們加入公司，卻因管理者而求去，這雖說是老生常談，卻也是層出不窮的事實。

我通常不會把這個主題稱為「幸福教練」，無論如何，我著重強調管理者至少每週都要關注，產品開發人員是否覺得自己從事著有意義的工作？他在職涯中有否日益精進？他和團隊成員及高層的關係是不是契合無間？他能否有效又成功地領導獲得賦權的產品開發團隊？

管理者對各有特色的部屬要如數家珍，了解他們看重的、使他們感到幸福的事情。我在這方面的教練上發現了一些幾乎放諸四海而皆準的事實。

有意義的工作

產品開發者泰半期望他們的工作意義非凡。根據我的經驗，意義通常是帶來幸福感的最大因素，效用甚至勝過獎酬。不過，產品開發人

員的工作如何有意義、為何有意義，以及產品團隊如何做出有意義的貢獻，並非一清二楚的事情。所以，管理者於公於私理必須一再彰顯和強調團隊的工作意義。

人際關係

我（凱根）始終期望自己因特定原因而獲部屬愛戴。我希望他們確信，我誠心致力於協助他們取得專業和個人的成就。我期盼他們信賴我、能坦誠以對，並且提供他們成長所需的回饋意見。我也冀望當他們回顧與我共事的時光，會覺得那是職涯最值得珍視的回憶。

人際關係是職場關係的基礎。我總是和部屬談論家人、朋友、工作以外的興趣，並且鼓勵屬下與我分享私事。我向來重視從人的角度去了解部屬。我總相信，只要熟悉他們的抱負和動機，就能成為更好的管理者和教練。

個人認可

許多人宣稱不需要我的認可，但我很少當真。我相信他們真正的意思是，對於特定形式的公開肯定，他們會感到不自在。根據經驗，幾乎所有人都渴望獲得賞識，尤其想獲得自己尊敬的人認可。

升遷、獎酬和授予股權都是明確讚揚員工表現的方式，除了這些，我鍾愛更頻繁且更私人的表彰方式：

- 一瓶好酒
- 一本我覺得他會樂於閱讀的書

- 一張業界會議或活動的門票
- 一份優質地方餐廳禮券
- 雙人份週末度假招待

我的預算泰半只足以做這些事情，而在我任職過的一些公司甚至還要自掏腰包。然而，優秀的管理者都明白，他們並不比部屬高明，因此讓屬下感到獲得重視，其實是對彼此都有益的事情。

工作習慣

眾所周知，產品開發人員有時會瘋狂超時工作。我必須指出，長時間工作有兩個迥然不同的根本原因：一個是自己想要拚一下，另一個是迫不得已。對於教練來說，這兩種情境大異其趣。

在很多公司，員工要麼受到壓力而拼命做事，不然就是被迫超時工作。如果這是貴公司的情況，那麼你的產品開發團隊很可能是傭兵團隊，而不是傳教士團隊。而且，你可能並不關切部屬是否幸福。

在真正賦權的產品開發團隊，成員相信他們正在做格外有意義而且重要的事。他們有時會沉浸於工作中，以至於不知不覺間一天就過去了。或者，一年飛快逝去，而他們實際上沒休到假（這在某些地方不是太大問題，但在美國和中國可是實質議題）。

優良的管理者會注意到這種問題，並在一對一教練時提出來討論。他會說明，如此工作會使人筋疲力盡，而產品開發基本上是以創意來解決問題，重要的是開發人員需要時間充電，才能長期堅持不懈。如果問題持續不斷發生，管理者理當嚴正以對、積極教練團隊成員。

當然，團隊偶爾會有極為重大的任務必須全力推進。只要動機來自團隊內部，他們的努力有可能成為最引以為榮的成就。然而，管理者要確保這不會成為常態。雖然這不是壞事。

樹立良好行為模範

有不少管理者本身瘋狂超時工作，卻還試圖說服部屬沒必要這麼做。我們把這種管理方式稱為「依我說的做、而不要照我做事的方式做」。然而，許多人難免覺得有壓力，他們會認為至少要像管理者那樣勤奮，這自然導致早到晚退的愚蠢循環，但其實大多數時間都是耗在回應電郵。

如果你真的關懷部屬是否幸福，理當明白行動比言語更有說服力。管理者在這方面理當善解人意，竭盡所能讓部屬明瞭什麼時候該為自己充電，並以身作則自覺管理好時間。

職涯規畫

有時，為了使產品開發人員獲得真正的幸福，管理者應幫他們另謀出路。如果產品開發人員難以勝任工作，他的不安顯而易見。但有時，根本問題並不是出在這方面。

我（凱根）遇過最棘手難題，來自一位近乎完美、極高績效的產品經理。她是我千方百計招募和教練的人才，足智多謀又通情達理，而且學習能力超強，使我確信她的職涯前途無量。

然而，最終，她在一對一教練時向我坦承，雖然她深知自己是產品管理高手，也覺得自己有實質影響力，但她體認到這實在不是她想要的

人生。我很難接受這個事實，不願失去一位幹才，但我勉勵她勇於追求自己熱衷的夢想（創作小說）。於是她放手一搏，最後克服萬難，成就了自己的文學事業。

我期勉管理者們，認清自己在部屬生命中扮演的角色有多麼重要。實際上，他們能使部屬的人生悽慘悲涼，也能幫部屬達成專業和人生的目標。

深入閱讀｜最出色的教練

本書引言曾指出，蘋果的賈伯斯（Steve Jobs）、谷歌的佩吉（Larry Page）和布林（Sergey Brin）、亞馬遜的貝佐斯，在各自的公司初創、成形時期，全都接受過「矽谷教練」比爾‧坎貝爾的教導和訓練。

這在矽谷以外地區鮮為人知，大部分原因在於，坎貝爾全力避免出風頭。他只期望所教練的人士成為眾所矚目的焦點。

事實上，我曾在 2007 年試圖寫下他的故事，但他敦請我不要出書，因為他不想引人注目。結果，我並不是唯一被他謝絕的人。我未曾有幸接受他的教練，但真心希望自己能有此榮幸。不過，因為我曾在他教練過的人手下做事，因而有過數面之緣。

坎貝爾已於幾年前辭世，但我依然從他教練過的人士

獲益匪淺。曾受惠於坎貝爾的谷歌前執行長艾力克・施密特（Eric Schmidt）和谷歌前產品事業資深副總裁強納森・羅森伯格（Jonathan Rosenberg），近期訪談了多位也曾受過坎貝爾教練的人士，寫成了《教練：價值兆元的管理課》（*Trillion DollarCoach*）這本書，闡述坎貝爾領導力和教練的各項原則。

我難以描述坎貝爾，因為他對我的影響無比深遠。那本書也沒有辜負他的教誨。我也一再分享書中引述的坎貝爾金玉良言。我認為，即使蘋果、亞馬遜和谷歌的企業文化截然不同，但他們都明白，對產品開發團隊賦權是創造卓越產品的關鍵。

我鍾愛閱讀這部有關坎貝爾的著作，有助於我保持謙沖心態。

我長期在產品領域做事，已經很難分辨哪些事物是從別人身上學到的、哪些是我自己領悟的。看了這本書裡強調的許多觀點，我深覺受益於坎貝爾遠比自己所知還多。現在我很清楚，受過他教練的人士把那些觀點深深烙印在我的腦海，這個事實想必會使坎貝爾格外高興。

本書還使我內心發出這樣的回響：

坎貝爾衡量自己影響力的標準和方法與眾不同。他會檢視所有曾為他做事的人，或是他曾以某種方式幫助過的人，然後算清楚當中有多少人如今已成為傑出領導者。這就是他衡量成功的方法。

我時常自問，為什麼經過了這麼多年，我仍然在教練產品開

發人員。我不認為自己能與坎貝爾相提並論，但當我教練過的人創造了傑出的團隊和非凡的產品，我也會像坎貝爾那樣引以為榮。

第25章

領導者側寫：麗莎・卡凡勞夫（Lisa Kavanaugh）

領導力之路

我在 2010 年首次和卡凡勞夫會面，那時她是搜索引擎 Ask.com 負責工程的副總裁。她曾於加州大學聖塔芭芭拉分校研習電腦科學，畢業後在科技業界大展鴻圖。起初她在惠普擔任工程師，不久後加入初創時期的 Ask.com。

在接下來的十二年間，卡凡勞夫在工程領域步步高升，後來成為 Ask.com 那時規模極龐大、已全球化的工程組織的科技長。

卡凡勞夫始終對教練部屬充滿熱誠，並且堅持不懈地增進自己和屬下的能力。過去幾年以來，卡瓦諾主要致力於教練志業，協助科技領導者具備公司需要的領導力。

行動領導力

我詢問卡凡勞夫一般以什麼方法相助科技領導者，使他們成為獲得

賦權的團隊和組織的領導高手。她回答說：

「不同的領導者尋求教練的動機都不一樣。有些人渴望重大升遷，有些人想排除實現目標的路程上出現的障礙，有些人期盼和手下團隊或同儕建立更良好的工作關係。他們全都想贏得似乎遙不可及的成果。然而不論動機是什麼，想要轉型成為高績效、有自信和啟發人心的領導者，理應秉持勇氣全力以赴。

以下是每位領導者成功轉型所需的四項關鍵技能：

自知之明

這要從對自己坦誠做起，並且要了解哪些行為、個人特性會阻礙自己或團隊的發展。要自問，什麼行為使你職涯初期受益良多而今卻不再對自己有利？

舉一個很常見的例子來說，我時常遇見執行力穩當可靠的著名科技業高層主管，他們始終如一地不遺餘力實現承諾，在很多情況下，他們甚至得要有移山填海的本領才能履行諾言，但是他們言出必行。這是人格特質的一大要素，也因此享有值得信賴的聲譽。

然而，如今他們被擢升到個人力有未逮的職位，而且手下團隊對他們的微管理作風難以認同。這時理當自覺，使他們晉升到當前地位的職能，已經不足以幫自己更上層樓。

勇氣

當你體認到自己必須脫胎換骨，尤其徹底改變現今仰賴他人的做法，確實需要無比的勇氣。要勇於為團隊開創學習和嘗試錯誤的空間，要勇於給予團隊有意義和真誠的回饋意見，要勇於秉持信念無畏地信任團隊有能力達至更美好的成果，要勇於拋開戰術性技能邁向策略的層次，要勇於正視自己的弱點。

舉例來說，有位負責科技的高層主管難以和特定同儕建立真正的夥伴關係，因為他們先前合作的專案徒勞無功。他相信這位同僚對自己的評價很差，所以一直避開對方。然而，他也明白彼此有必要重建關係，於是鼓足勇氣伸出橄欖枝，促成雙方進行了一場對話。他坦承自己躲著對方，也說明了原因，並且表示期望能重修舊好。他勇氣十足展露自己的脆弱，終於使雙方關係好轉。無畏的領導者即使內心忐忑不安，仍會勇往直前。

互動規則

領導者理當秉持信念無畏地信任團隊，這不是輕而易舉的事，因為最終他們要對成敗負起責任。

互動規則純粹是指領導者和團隊的協議，雙方約定領導者如何給予團隊所需的運作空間？領導者需要哪些資訊來建立團隊的信任？團隊應當了解哪些脈絡來獲取成果？團隊在面臨風險和難題或必須求助時，要做什麼才能得到安全感？

我要強調，這些規則一般會隨著信任和學習的進展而日漸演進，而建立溝通協議有助於雙方制定有效的方法來滿足彼此的需求。

破壞式創新

即使領導者有自知之明，勇於求新求變並且接受互動規則，還是可能很難打破經年累月的習慣。尤其棘手的是那些，體現個人核心特質和自我價值的行為與習性。

我們企望領導者成為破壞式創新者，並且對變革矢志不渝。當然，轉變的過程難免發生錯誤和進一步退兩步的狀況，但每次都要認清肇因，並且找出適當的因應之道。

我們承認最初日子會很煎熬。然而，隨著時間推移，領導者將日趨適應新的行為模式。

每位領導者的蛻變歷程各異其趣，但多年來我發現，假如領導者真心力圖革故鼎新，而且勇於放手一搏、學習信任他人，終將能實際成為破壞式創新者，以及成為及公司所需、員工應得的領導者。

第3篇

人員配置

亞馬遜最重要的決策一向是、現在仍然是聘用合適的人才。

——傑夫·貝佐斯

這一篇的章節裡，將聚焦探討管理者對於人員配置的職責。先前的章節著重於強調教練，以及促進部屬發展的重要性，但沒有談到發掘人才的方法。

當然，已經有很多談論人員編制和攬才的著作。像是我最喜愛拉茲羅·波克（Laszlo Bock）寫的《Google 超級用人學》（*Work Rules!*）這本書。

所以，本章將專注於賦權的產品開發團隊（尤其是產品經理、設計師和資深工程師／技術主管）這方面的特殊議題。我會從人員招募著手，然後再談面試、聘雇、入職管理、年度績效考核、終止雇用和升遷等。

或許你覺得這不是重要或有趣的主題。的確如此，我在產品領導職涯早期就發現了。但卻是強效產品公司與眾不同的基本要項，所以我期望能使你改變對這個主題的看法。

關於人員配置，公司有三個高層次的問題：

- 第一個問題：各公司對於什麼樣的人能成為強效產品開發人員，往往困惑不已。他們經常認為，如果要和谷歌與亞馬遜那樣的公司競爭，必須延攬非凡的人才。這其實是危險的錯覺。明確地說，最傑出的公司雇用有特色又能幹的人，然後加以教練，使他們發展成為非凡團隊的成員。這就是人員配置與教練相輔相成的道理。

- 第二個問題：太多公司的領導者認為，人員編制和招聘人才是相同的事情。然而，人員配置不光涉及攬才，事實上，如果只專注於聘用人才，成功組建公司所需產品組織的機會將大幅減損。

- 第三個問題：負責攬才的管理者是否了解，他的職責其實是人員配置。我時常發現，負責聘人的管理者認為人員編制是人力資源部門的職責，雖然管理者會檢視應徵者的履歷，也參與面試，但他往往認為自己只是這段旅程的乘客，而不是掌握方向盤的人。雖然我們寄望人力資源部門協助一些支援和行政作業（例如貼出徵人啟事、轉送履歷表供審閱、準備錄取通知等），管理者理

當組織招聘流程並負擔責任，才能做好有效能又成功的人員配置工作。

我希望這一系列的章節能夠闡明其中道理。更廣泛地說，從人員配置可以看出何以強效產品公司能夠出類拔萃。這是強效產品公司仰賴賦權產品開發團隊的直接結果。因為賦權是真正以團隊成員為優先的模式，獲聘進入團隊的人才被賦予了造就卓越的空間。

依舊採用功能開發團隊模式的公司，把團隊成員當成傭兵。他們始終相信能雇用其他替代者，或是甚至可以把工作外包。採行賦權模式的公司凡事取決於：聘用價值觀相同、熱中於實現產品願景的稱職人才。這意味著，人員配置不只必要，更是具有策略意義的事情。

來自功能開發團隊的人見識過賦權模式的人員配置後，都會深感訝異。他們對於相關面試過程的嚴謹、新進人員入職培訓的時間、持續不斷的教練和員工潛能發展，莫不嘖嘖稱奇。

我並不是暗示，這是唯一值得稱道的人員配置方法，而是提醒大家多留意這些做法。我也要進一步指出，人員配置技能是一家公司成敗的重要領先指標。

第26章

職能和人格特質

我發現，不信任產品開發團隊成員的高層主管和管理者，對於應當招募和雇用什麼樣的人，想法往往因循守舊，甚至有害無益。我要請這些領導者深思熟慮不同取向的人員配置方法。

首先，高績效產品開發團隊是由「一般人」組成的。我不是建議你雇用凡夫俗子，然後把他們轉變成非凡團隊的一員，畢竟擁有必備的技能是不可或缺的成功條件。

我的意思是說，與其執著於團隊成員上過哪一所大學，或是能不能「融入企業文化」，或者是不是所謂十倍績效員工，或對產業領域是否瞭如指掌，不如專注於我將強調的這些事情。

明確說，確實是有十倍績效員工，然而事實證明，他們不必然會帶來十倍的成果。因為產品公司的成果來自開發團隊，而且十倍績效員工的行為如果有害，對於公司可能弊大於利。

攬才以組建強效、跨功能、獲得賦權的產品開發團隊，應當考量應徵者以下特點：

職能

管理學大師史帝芬‧柯維（Stephen Covey）指出：

「信任取決於職能和人格特質。職能包含勝任工作的能力、技能以及歷來的業績。人格特質則涵蓋始終如一、動機、意圖。這二者都具有關鍵意義。」

我們會在下一章討論人格特質。

對於賦權模式的產品開發團隊，成員的職能就如同桌面籌碼，不論是產品經理、設計師或工程師都應擁有必備的技能。許多公司往往在選聘員工時就注定了未來會苦苦掙扎。

俗話說，「A咖聘用A咖，B咖雇用C咖」。管理者本身如果不是老練的產品經理、設計師或工程師，評估應試者的能力唯恐不足，公司最終錄用的人可能難以勝任工作。而且管理者經驗不夠老到，也無法教練和促進新進人員的發展，使他具備稱職能力。（補充說明：如果這是你的處境，最重要的是找一位經驗老到的人，教練你培養所需的產品領導力。）

一般來說，我們是基於職能來聘雇人員，所以依據潛能來延聘員工也無可厚非，唯一的條件是，管理者要有意願也有能力積極教練，讓雇員能勝任職務。如果管理者做不到這點，就應幫他另謀出路。在這一切事情上，管理者理當付出大量的時間和努力。

人員配置是管理者三個主要職責之一，而確保新進人員能夠勝任絕

對是緊要的事。新人如果不稱職，他和團隊都無法贏得管理或領導階層的信任。所以說，沒有得力的成員，就不會有可長可久的獲得賦權的團隊。

人格特質

在確認應徵者具備合格的職能後，多數公司接著會著重於了解他是否能「融入企業文化」。這可能是對建立卓越組織最有害的觀念之一。公司從大批求職者中過濾掉絕大多數人，只留下他們認為能融入企業文化的人，當絕對不是明智之舉。太多公司認為，確保員工融入企業文化是政治正確的事。但這基本上就是「雇用觀點和想法與我們一致的人。」

在科技業界，這意味著聘用頂尖大學擁有科技相關學位的男性。根據我的經驗，這不是有意識或蓄意的做法，然而結果顯而易見。我想讓大家明白，使員工融入企業文化是錯誤的目標。

多數人不清楚，史上最成功的體育團隊不是紐約洋基隊、芝加哥公牛隊或曼聯足球俱樂部，而是暱稱黑衫軍的紐西蘭國家橄欖球隊。他們保持了逾百年所向披靡的無與倫比紀錄。

這支黑衫軍很久以前就學到，人格特質至關緊要。所以，他們在評價團隊選手和教練上有絕不模稜兩可的政策：「拒絕混蛋守則。」（No Assholes Rule）。❶

---

❶ 這支黑衫軍的球迷可能知道他們的實際用詞比「混蛋」更加粗魯。但顧慮到可能會有人覺得受到冒犯，因此我借用了史丹佛大學教授羅伯·蘇頓（Bob Sutton）的傑出著作《拒絕混蛋守則》（*The No Asshole Rule*）書名來取代。

他們了解，不管選手或教練的技能多麼出類拔萃，如果成員是個混蛋，就只會損害整個團隊。因此我主張，與其篩選少數被認為能融入企業文化的人，不如過濾掉相對來說少數的混蛋。弔詭的是，儘管我們都知道，職能和人格特質對於建立必要的信任不可或缺，許多公司和管理者依舊愛用能融入企業文化卻不稱職的人，或是技能高超卻是不折不扣的混蛋。聘用像我們一樣的人只會形成一言堂，並造成意想不到的後果。

這不是說我們的想法有多糟，而是因為公司實質需要具有不同思維的人。為團隊增添多元異質的聲音，會帶來實際且立即的好處。如果我們能從許多不同角度思索如何解決問題，那麼化解難題的機率將大幅提升。因此，要聘用出身環境、教育背景、工作歷練、人生經驗和想法都與你截然不同的人，而不要錄取和你氣味相投的人。

以這樣的方式為團隊徵人，我們可以在世界各地找到許多絕佳的幹才。而且，公司裡往往已經有那樣的人才，只是我們常視而不見。你只是有必要確認他們稱職而且不是混蛋。

第27章

攬才

　　多數人認為人員配置是從特定供應來源著手（例如，人力資源部），然而強效產品公司是藉由積極攬才著手人員配置。

　　在人力資源部門驅動的聘雇模式裡，負責的管理者會描述職缺工作內容，在人資單位開始提供履歷表給管理者後，一切才會陸續啟動。但當管理者抱怨手上沒有足夠的高品質履歷時，這個方法的問題也就昭然若揭。

　　高績效管理者會採取相反做法，先確認想要什麼樣的人才，然後推出徵人啟事攬才。這有點類似大學體育校隊或是職業運動隊伍的作風。他們的教練偶爾會收到臨時隊員（大略相當於某個人向公司投履歷），但更常見的是教練積極地攬才。他們會去拜訪有潛力的好手，逐漸認識他們的為人，並且千方百計說服他們渴求的人才加入團隊。

　　我們要特別指出，與其依靠人力部門供應來源，招募才是增進團隊多元性的最快速方法，尤其是在管理者了解多元異質團隊能使創新蒸蒸日上的情況下。一般我們不想要或不需要更多和我們一模一樣的人。我們需要教育背景、解決問題取向、生活歷練和實力與我們互異其趣的

人。真正強大的管理者深知，打造團隊理當積極延攬各種人才，而不是聚集一群相似的人。

那麼，我們要去哪裡尋覓人才呢？

我們必須持之以恆建構有潛力人才的網絡，而不是等到有職缺才著手找人。我們通常會在業界會議以及同業聚會，或是有競爭對手出入的場合，或是拜訪公司夥伴和客戶時，經由他人介紹或是基於社交需求而認識許多人。

如果你想要進一步和他們發展關係，就有必要以電話聯繫或約對方喝咖啡。當恰當時機來臨時，你們甚至有望進展成教學相長的關係。我鍾愛和業界上選的演說家在公司舉辦座談會好吸引人才，這也有助於建立公司的聲譽。另一個高明的技巧是，透過公司部落格展現你開發傑出產品的忘我精神。❶

如果你在大公司上班，往往也能在公司內部找到適當的產品開發人員。我經常發現非常聰明而且辦事能力很強的人，隨機擔任著不同的職務而未曾想過出任產品開發人員。

我總是鼓勵負責攬才的管理者，在尋覓出眾的產品開發人員時，廣泛擴大延攬範圍。我時常在工程、財政、行銷、銷售、法務等領域，甚至在商務負責人或利害關係人裡，找到大有作為的人才。

你必須敏銳關注公司其他部門，不是建議你去挖角，而是去確認每位員工都適得其所並能發揮所長。發展潛在人選招募網絡需要耐心。我在延攬某些人時確實花費了數年時間。我慢慢了解他們的為人和職涯

---

❶ 有興趣的讀者請掃描 QR code 參閱 Code as Craft 部落格，
內容提供了極為有效的範例。

目標，並時時分享產品開發相關文章和書籍，也廣泛和他們談論職涯規畫，以及達成目標的具體步驟，藉此潛移默化我想要的人才。

比如說，在招攬產品經理時，我會從具有創業精神的人裡找起。這類人士泰半有志於日後創辦自己的公司。因此，我會向他們解說，產品管理有助於驗證未來的新創公司創辦人或執行長的實力，並且為他們闡明相關理據。

確實，只要確立了強效管理者的名聲，讓人知道你誠摯且鍥而不捨促進部屬的發展，就會有更多人願意為你效力。不過，招募的人員和團隊還是要切合需求。無論如何，建立個人品牌可能需要投注多年的時間。

管理者召募人才時都應積極主動且貫徹始終，這是基本的要求。此外，管理者還要真心關懷員工的發展，這將為你帶來大批的轉介人才。也請各位留意，招募產品開發人員時，產品願景可以成為最有效的攬才工具之一。當然，如果你創造的產品獲得成功，也有助於吸引人才。

如果你持續把攬才當成高度優先要務，很快就會有健全的徵人網絡和招募漏斗，可以網羅強大的人才。當出現新的職缺，或有人面臨了轉換職涯的良機時，你必然做好了接收人才的必要準備。

深入閱讀｜以攬才為優先要務

我（瓊斯）在一家新創公司擔任產品經理時，首次體驗了教練的實質力量。我當時的主要角色是「個別貢獻者」，而且公司

期望我有朝一日能組建產品管理團隊。公司那時正突飛猛進，我們的產品獲得極大動能和大批顧客。鑒於我異常忙碌，公司最後同意另聘一位產品經理來幫我。

由於必須繼續扮演我的個別貢獻者角色，所以攬才工作主要仰賴公司規模不大的人力資源團隊來推動。大約每隔一週或兩週我才向人資部門詢問徵人進度，審閱履歷表然後打電話篩選應徵者，但也只是消極處理事情。因為我有很多其他要務，而且這是人資部門該做的事，難道不是嗎？

在這段期間，我規律地接受管理者一對一教練。當他問起招募新產品經理的進展，我會告知有一些履歷看來有潛力而且經過電話篩選的人才，然後很快就把話題轉移到產品和公司。我當時真是徹底失敗。

兩週後，我仍然沒找到值得面試的人選，而且在一對一教練時，我的管理者拒絕推進到新的主題。他明確告訴我，延攬新產品經理是我當下最重要的任務，這才是我的正事，而不是其他那些耗掉我的時間的事情。為了強調攬才的重要性，他表示直到錄用新產品經理為止，我每天至少要用一半的時間來尋覓人才。其他事情都是次要的。

當時我無比震驚。連現有的要務我都處理不完了，怎麼可能騰出那麼多時間？於是，我們一起檢視了我手頭一切工作，並且共同討論哪些事情可以暫緩處理，哪些可以轉交公司其他同事做，哪些可以直接交給管理者來完成。

在創造了更大的空間以後，我驚訝地發現，我甚至不知道該怎麼用掉多出來的時間。然後，管理者帶領我展開腦力激盪，從而構想出進一步擴展人際網絡來搜尋人才的策略，並且重新擬具徵人啟事，以及確認如何更積極進取地攬才。

這是職涯裡我最值得回憶的一堂一對一教練課程。這堂課不但深度擴展了我的視野，也使我和管理者建立了更高層次的信任，並且釐清了我理當自我提升的地方，同時得以一窺真正的領導力奧祕。

我重新獲得啟發，從此積極投身於延攬人才。這使我的思維脫胎換骨。我不但學會新的技能，還見識了管理者的教練心態，從而了解在自己升任管理者時，必須具備那樣的心態。

深入閱讀｜委外（外包）

當真嗎？

我當然期望各位讀到這裡，都已經明白我對於委外的看法。不過，我要先談一些限制條件。我要探討的委外議題只涉及科技產品組織核心角色：產品經理、產品設計師、工程師、資料分析家和資料科學家、用戶研究者，以及這些人的管理者。

產品是公司的命脈，而產品相關技能是公司必備的核心能力。公司仰賴產品和服務來爭取顧客。如果把前述角色功能委外，實質上等於採用了傭兵團隊，必然會扼殺公司建立傳教士團隊的生機。

或許貴公司沒有具備必要技能的人才，那麼現在開始著手攬才，或投資既有人員，讓他們學習和發展產品開發團隊核心角色必備技能，而這必須借助教練和培訓來達成。

貴公司也可能認為，雇用一些境外公司低成本的人力可以節省開銷。我可以保證，這麼做最終只會弊多於利。你會在溝通等方面耗費大量時間，更要緊的是付出喪失創新能力的代價，這些都是非常不划算的投資。

偶爾，我們會因為自動化測試或大規模遷移等情況而工作量驟增，這時把一些工作外包不成問題。但是請記得，小型的傳教士團隊始終比大型的傭兵團隊更有效能，當貴公司同時需要開發者和交付人員時尤其如此。

第28章

面試

本章延續人員配置討論，主題是面試流程。

負責攬才的管理者理當負責確保面試小組的效能，並且顧及應徵者的面試體驗。管理者可能需要行政人員或人資部門提供某些協助，但自己要對面試流程負責並做好流程管理工作。

你的總體目標是保障最終錄用有特色、能勝任的人才，而且每次聘雇新人都應當拉高水準（至少產品經理、產品設計師和技術主管應當如此）。

請注意，鑒於每個產品開發團隊都有一位以上的工程師，因此聘用工程師可涵蓋各種不同經驗和能力等級。然而，由於每個團隊只會各有一名產品經理、產品設計師和技術主管，因此擔任這些職位的人必須確實具備高標準的職能，畢竟他們都不是「低級別的」角色。

這方面最常見的問題是，怎麼選定面試小組。主要是兼容並蓄，尤其顧及對徵才有發言權的每個人。但這種做法很難提高錄用門檻，而且往往會導致新進人員平均職能等級逐漸降低。

因此，負責攬才的管理者應當深謀遠慮，依據職能與人格特質來挑

選和組織面試官。這些人必須是優秀的面試官，在職場會引以為榮又樂意相處的人。要確認每位面試官都明確了解徵人條件（依職缺的特定角色而定），並要確保他們準備妥當。

多數大型公司有面試指導原則，提供面試官判斷提問是否妥當，但很少有公司對面試內容提供任何有意義的指南。在採用系列關卡模式的面試過程裡，各面試官的目標在於，確認求職者能夠解決任何開放式考題。前一關的面試官要與下一關的面試官溝通彼此提出的開放式問題。

負責攬才的管理者，或是最後一關的面試官，應當在必要時延長任何開放式考題的解題時限。如果有面試官回饋意見給管理者，指出應試者顯然不合格，那麼可以提前結束系列面試流程。

我們要特別強調三個要點：

第一點是，聘用有稱職能力的人和錄取有潛能的人是截然不同的事情。一般來說，我們想要能夠勝任職缺的特定角色。❶ 然而，在某些情況下，我們會錄用具有潛力、但還沒有顯露出可以該職位上獲得成功能力的人，但我們賭他最後能夠揮灑自如。以常見的大學攬才為例，一旦打算聘請有潛力的應徵者，管理者基本上會明確向面試小組傳達這個意向，管理者也會親自投注必要的時間和心力，教練獲錄用的人，使他在職位上能夠游刃有餘。

這通常涉及每週一次的一對一教練，以及日常的教練（往往必須持續數個月）。而且，如果聘用的人無法在合理的期限內達到稱職的標準，

---

❶ 關於如何在面試時辨識能勝任的應徵者，請參閱傑夫・斯馬特（Geoff Smart）與藍迪・史崔（Randy Street）的《誰？》（*Who: The A Method for Hiring*, New York: Ballantine Books, 2008）。

負責攬才的管理者理當負起責任改正錯誤。

第二個要點是，應當提醒面試小組，我們不需要更多同聲共氣的人。多元異質的想法才能帶來生氣勃勃的創新。因此，我們高度渴求的是，具有不同教育背景、人生經驗、文化涵養和解決問題取向的人才。

第三個要點是，許多管理者攬才時會過於看重領域知識而犯錯。就多數職位來說，只要雇用的是具備適切技能的正確人選，自當有能力迅速充實領域知識，而且效能會優於有領域知識卻缺乏產品開發技能的人。事實上，在很多情況下，徒具領域知識更常成為求職者一項不利條件（他們會錯誤把自己當成顧客來思考問題）。

深入閱讀｜我最鍾愛的面試考題

面試進行到最後時，我會對應試者說：「現在我對你有了一些了解，我將給你一份列出四項廣泛工作屬性的清單。因為你有志成為產品開發人員，所以我預料你在四項工作屬性上實力堅強。不過這四方面的職能不易均衡發展、等量齊觀。所以，請你自我評量，然後依序排列出你最強到最弱的能力。」

這個考題旨在卸下對方心防。應試者理當了解沒有所謂的正確答案。我們期望他的回答能促成彼此坦誠的對話。以下是這四項工作屬性（四項能力並沒有孰輕孰重的分別）：

1. 執行力：在沒有人要求的情況下，你能否做出正確的事情？又能做到多完美？你同時還能追蹤多個目標的進展嗎？

2. 創意：你經常是會議室裡點子最多或想法最出色的人嗎？頻率又有多高？

3. 策略：你能超越手頭的任務，從更廣大的市場或願景脈絡來妥當看待工作嗎？能向其他人闡明你的看法嗎？

4. 成長：對於明智運用流程、管理團隊等來使努力成效倍增，你的能力有多優異？

這個考題的價值在於，揭示應徵者與我們對話時有多投入，最終也會觸及認定自己的一些不足之處。我很注重產品開發人員的自覺程度，以及他們是否有能力辨識和承認自己必須努力成長的範圍。（你可以把這個考題想成比「說出你的弱點」更自然也更有效的版本。）

對於不願意或是沒能力深入對談，或者自我評量顯然和我觀察到的情況不符的應試者，我會加以質疑。如果你是負責攬才的管理者，這個考題有助於你排查自己的偏見，確保最終不會錄用一些（通常是你自己的）「複製人」。

第29章

聘用新人

完成面試後，如果發現能強化產品開發團隊的人選，接下來要準備錄取通知好延攬人才。

新人聘雇流程、薪資待遇理當遵循人資部門的規定，不過負責攬才的管理者有兩個必須注重的基本要點。

- 第一點：如果你找到真正實力強大的人選，理應迅速著手聘用，盡可能在二十四到四十八小時內擬好錄取通知，否則可能錯失優秀人才。不要使對方產生不好的觀感，覺得公司對於攬才猶豫不決。
- 第二點：面試後要認真查核對方資歷，而且是由管理者親自核驗，不宜委託其他人。要確實詢問對方的前雇主，值不值得聘用這個人。資歷核實的最重要目標是，確認人選品格是否良好。多數品性有問題的人，在面試時會刻意隱藏，而他們的前雇主可以揭露實情。

有些人對於分享他人負面資訊總是小心翼翼，因此要給予對方說出實情的機會。請注意，以電郵進行資歷查核往往難以收到成效，因為對方的回應會很審慎。打電話或是約對方喝咖啡確認，更有可能獲得有用的回饋意見。

現今確認一個人的品格最有效的方式是，查看他在社群媒體上的行為。我們可以了解他怎麼向人簡介自己，以及如何與他人互動。（請注意：在特定國家，這做法必須先徵得對方同意。）也要觀察他們與人互動是否深思熟慮、是否尊重對方？是否總是對人做出最壞的假設，並且不經思索就回應對方？

如果你的人選總是在社群媒體上公開對他人無禮，很有可能在職場也會這樣對待同事。

正式聘用通知可能由人資部門或負責攬才的管理者發出，不論是哪一種方式，最重要的是，管理者要親自致電對方明確告知，只要他加入公司並且一心一意為公司效力，你會**親自教練和促進他的發展，使他充分發揮潛能**。

如果他非常優秀，很可能有多家公司想延攬他，這時我通常會請求執行長或是其他關鍵領導者與他聯繫，給予彼此相談的機會。這可使對方明白我們非常看重他，同時有助於雙方一開始就建立良好關係。

各位要了解，管理者雖然 代表公司攬才，但是個人必須允諾會促進新進人員自身和專業上的成長，新進人員也要承諾會對公司的願景和成功做出貢獻。對於多數新人來說，獲得管理者承諾會從旁協助、積極幫他們獲致專業上的成長，比起其他任何事情都來得重要。當然，管理者要言出必行。

深入閱讀｜控制範圍

　　管理者的控制範圍是指，有多少人直接向他回報工作。多數公司對此設有標準，但如果公司很注重人員教練和產品策略，則會影響特定管理者的控制範圍。

　　每位管理員工者的第一要務是，教練和增進部屬發展。然而，他必須投注的時間會因為教練對象不同而有顯著差異。以下是管理者理當考量的幾個主要因素：

營運責任等級

　　如果你的角色負有重大營運責任，比如說產品策略、設計策略、技術債策略（tech debt strategy），這些都會耗費不少時間。

員工經驗等級

　　許多公司沒有太多選擇，只好雇用經驗不足的新人，然後教練他們好獲致工作成果。我們也常見一些公司為了搶人才而激烈競爭，因而必須付出高額薪酬，或依據潛能而不是驗證過的表現來雇人。這也無可厚非，但我們要提出兩個很重要的告誡：

1. 負責攬才的管理者理必須擅長教練員工，並且有意願又能夠提供必要的時間和努力。
2. 管理者有必要縮小控制範圍，例如把直接向他彙報工作的部屬從 6 到 8 人，調減為 4 到 5 人。

管理者經驗等級

這對於適度的控制範圍也有顯著的影響。管理者可以像發展任何技能那樣,培養自己教練部屬的技能。對教練員工引以為榮的老練管理者,實質上在促進部屬發展會愈來愈有效率和效能。

組織複雜程度

組織愈龐大,愈有必要「理清頭緒以窺全貌」和「向上管理及全方位管理」。這一部分純粹與依存關係、互動和有效溝通有密切關聯,一部分則受人際動態(職場政治)相當大程度的影響。

比率

一位管理者應當有多少人向他報告工作進度?

以最小控制範圍來說,一名產品總監(扮演產品開發者兼教練的角色)最多負責 2 到 3 位部屬。就最大控制範圍來說,一名工程管理者常要負責 10 到 15 位不同等級的工程師(個別貢獻者)。多數管理者的控制範圍介於二者之間,大約有 5 到 7 人直接向他彙報工作。

有些公司擁有非常扁平化的組織結構,而且管理者的控制範圍很廣。但依據我的經驗,這些公司必須付出相當可觀的額外費用,即使是在個別貢獻者的層級也不例外。如果不是這樣,那麼他們應該根本不在乎教練部屬和促進員工的發展。

第30章

遠距上班員工

一般來說，我的工作和著作專注於「如何充分善用頂尖公司最優異的方法，使我們擁有持續創新的最佳機會？」

在許多重要的有效方法裡，我長期擁護產品開發團隊「同地協作」（co-located）。貝佐斯下方這段話足以完美總結我的體驗：

> 「在亞馬遜公司，產品開發團隊有明確的任務、特定的目標，而且有必要跨功能、專心致志於同地協作。為什麼？因為創意來自人們的互動；靈感源於透徹的專注。好比新創公司，團隊在車庫裡相濡以沫，共同鍥而不捨地實驗、測試、商議、辯論、一試再試。」

我不認為，亞馬遜成為史上最具持續創新能力的公司之一，是偶然的事情。只是當下多數公司的問題已有所不同。現今他們會問我：「在分散式產品開發團隊、或全體成員遠距上班的情況下，我們如何充分善用頂尖公司最優異的方法，來擁有持續創新的最佳機會？」

應對這個重大問題正是本章的主題。

我們無須探討分散式團隊用以溝通和管理的工具和方法，因為這些大家都已耳熟能詳。我們將假設各位熟悉各式雲端協作工具，以及各種視訊會議通訊服務。

我們會深入闡釋跨功能產品開發團隊的本質，並探討管理者應如何專注於促進團隊進步。首先，所有賦權的團隊有兩種主要活動：探索和交付產品。

當談論同地協作的神奇力量時，要點主要和上述貝佐斯談話同樣著重於探索。至於交付，這是比較需要權衡妥協的事情。當大家一起坐下來商談時，當然會較易於溝通，但也容易受到不必要的打擾。

總體來說，我發現有遠距上班成員的團隊在交付方面表現很出色，偶爾甚至比同地協作的團隊更加優異。然而在產品探索方面，遠距上班員工會面臨實質挑戰。

就探索來說，遠距協作和同地協作的整體方法和技巧沒有極大的差異。二者同樣會提出許多構想，也會迅速進行測試。流程通常是創造原型，然後給用戶實測（定性測試或定量測試）。很顯然，我們不可能做實質的面對面定性測試，但我們可以進行增強的、以視訊為基礎的定性測試來彌補這一點。

至於遠距協作和同地協作二者的重要差異，是影響產品經理、產品設計師與技術主管協作以探索解決方案的動態。我一直看到三個嚴重的相關問題，而其中任何一個都可能對公司創新能力帶來實質損害：

產出物

只要產品經理、產品設計師和技術主管異地上班，一種極常見的反

面模式就會應運而生。由於三者難以一起坐下來討論「我們如何解決這個問題？」自然而然會為了另一方而著手製造「產出物」。

產品設計師會請產品經理提供一些「簡報」，或是要求事項或限制條件。技術主管會詢問設計師什麼時候能給他一些線框圖稿，提供工程師著手規畫。產品經理也會要求工程師進行一些估算。

很快地，新的遠距協作流程就會倒退回瀑布式開發流程，協作者間彼此傳遞著產出物。這時，不但創新窒礙難行，整個團隊的討論也會迅速回歸到產出而不是專注於成果。

我們理當努力不懈地對抗這種傾向。三方透過視訊會議來討論議題，或許看來不是很有效能的事情，但重點在於探討「我們如何解決問題？」

在探索過程中，主要的產出物應當是原型。一旦你決定打造某樣東西，遠端工作的工程師有可能還沒掌握最新版的原型。所以，你理當花時間向工程師詳盡描述，並告知他們必須進行品質保證測試。而你應在確認已有具備價值、易用性、實行性和商業可行性的解決方案後，再來做打造產品。

信任

心理上的安全感有助於一般的產品探索和特殊創新。這基本上意味著團隊成員覺得受到尊重，而且他們的貢獻獲得歡迎和珍惜。❶

---

❶ 想進一步了解，請掃描 QR code 閱讀〈谷歌團隊成功的 5 個關鍵〉（*The five keys to a successful Google team*）文章

我先前談論過，即使只有一個混蛋也能毀掉整個團隊的發展動態。所幸，多數人不是混蛋，至少在職場與人面對面時沒有。不幸的是，當大家分散開來工作、不再直接面對面互動時，尋常的謹言慎行和敏銳程度會隨著降減。不少人向我透露，他們因而見識了同事的另一面，而且不總是美好的一面。

這時教練更顯得不可或缺。依我的經驗，多數人並不是刻意讓人痛苦或對他人麻木不仁，只是沒能領略林林總總的「社會性線索」。優良的管理者可以教練這些部屬，如何與團隊其他成員線上互動，並且幫助他們改善缺失。

雖然傳送電郵或即時通訊似乎比較有效率，但如果訊息內容措詞不當也可能破壞信任，之後的損害控管將曠日廢時。

遠距工作時，最好透過視訊來處理，任何會被解讀為敏感的事情。雖然這比不上親自面對面處理，但因為透過視訊還是可以看到彼此的臉部表情、肢體語言，和聽出各自的說話語調，對於發展和維持相互信任仍然大有幫助。

時間

有些人在家工作可以大幅避免各式干擾，因而比先前在辦公室做事更有生產力，這要歸功於有了優質時間來思考艱難的問題。然而許多人，特別是有照顧小孩等家庭義務的人，渴望進辦公室，因為在那裡可以避開家庭生活的種種負擔，能較安適地完成工作。

事實就是，並非所有團隊成員都擁有同樣多、又連續的優質時間來做出有意義的貢獻。某些人有時甚至很難在一天裡，找出一小時不受打

擾的優質時間。

我建議這方面應當試著有彈性一些。假設產品設計師有年幼的小孩，只在很早或很晚的時段才有一小時不受干擾的優質時間，那麼產品經理和技術主管很值得設法配合。

我了解產出物、信任和時間都不是容易處理的重要挑戰。然而，如果你發現分散式團隊未能像往常那樣交付成果，在教練團隊成員時就應當專注於這方面的問題。

只要團隊成員對於潛在的問題有自覺，而且管理者提供了應對問題所需的教練，遠距上班照樣能夠做好產品探索工作。

第31章

入職培訓

　　為產品開發團隊聘用稱職、有特色、準備大展身手的新人之後，負責攬才的管理者，工作才正式開始。

　　新進人員入職最初三個月絕對是關鍵時期，很可能定調他在公司的未來發展。以下是觀察新人的六個有用查驗點：

- 就職第一天結束時：是否至少有一位同事未來可望和他成為朋友？他知道團隊對自己有什麼期許嗎？
- 上班滿一週時：第一週的情況如何？是否已經親自認識團隊每位成員？
- 第一次領薪水後：新人往往會下意識評估自己選擇的工作。
- 任滿一個月時：他對公司和自己在公司的未來前途有相當的了解。
- 滿六十天之後：他是否有做出足以建立自身價值的「成績」？

　　這期間，公司既有員工（尤其是資深領導者）會對新人產生第一印象，如果是負面的印象，往後恐怕難有機會翻轉過來。

不論新進人員多麼能幹，他總是需要一段時間才能充分發揮生產力，在學習顧客與公司運作機制、企業文化、科技和產業相關重要知識上，才會逐漸增速。負責攬才的管理者首要注重，新員工敞開心胸接受教練的程度。多數人會真心感謝管理者致力幫助他們迎向成功。然而，有些人對此會覺得受到威脅或是感到困惑。

　　這是因為他們認為，如果有必要接受教練，必定是因為他們某個地方出了錯，並且進一步覺得自己的新職位可能岌岌可危。我不是心理學家，但要辨認新人懷有戒心或是顯露不安跡象的行為並不難，管理者處理這些問題要當機立斷。我會向他們分享個人相關經歷，以及自己一路走來如何受到他人的協助。

　　無論如何，你們必須建立以互信為基礎的關係。你要信任新人將會全力以赴，而他理當信任你會不遺餘力協助他獲致成功。

　　我擔任管理者負責攬才時，很快就學會要專注於新進人員的入職培訓，這使我省下無數懊惱和損害控管的時間。事實上，我擔任管理者最大的遺憾反而是，未能投注必要的時間和努力來教練部屬。

　　我們首先應評量新人的職能，據以擬定教練計畫。要確實提供時間和機會，幫他們培養必要知識和技能，還要親自確保他們勝任職務。

　　除了促使他們稱職之外，在入職培訓期間，你還要專注於鞏固彼此關係，然後要增進新人和團隊成員彼此契合，最後更要促進他與高層主管和利害關係人的聯繫。就新進產品經理來說，主要工作是使他深入了解顧客和公司的事業，因為這是一切的基礎。

　　新手產品經理通常有必要顧客拜訪，然後向管理者密集彙報所學到的事情。他不只要報告顧客相關的事，還要說明進入市場機制，尤其是

銷售與行銷，以及如何處理顧客服務事宜。入職培訓也應包括，向財務組織學習各項 KPIs，好深入理解指標對公司的意義以及計算方法。

我非常鼓勵新人深入接觸基層真正的用戶和顧客。

一旦管理者相信新進人員已學會必要知識和技能，接下來就可以親自為他引介關鍵領導者和利害關係人，但要一個一個來。

要確認新人做好了相關準備，而且渴望成為協作關係裡真正的夥伴。

在接下來幾個月期間，要確實向領導者和利害關係人查問，他們和新進人員互動的進展，以及確認新人有哪些必須改進的地方。

請記得，領導者的能力只跟最弱的員工程度一樣。他們就是你的產物。

深入閱讀｜ APM 方案
（Associate Product Manager Programs）

強效科技產品公司一直努力尋覓更多高績效產品經理。我時常以各種方式強調，這是非常關鍵的做法。我每週會面的高層主管總是表明，他們需要更多強效產品經理。

谷歌在很久以前就了解此事的重要性。他們的首位產品經理瑪莉莎·梅爾（Marissa Mayer）立下了極高的標竿。因此，谷歌多年來孜孜不倦地招募卓越的產品經理，並且促進他們更上層樓。多數人知道谷歌有許多傲視群雄的工程師，但少有人了解他們如

何勤勉不懈地培訓產品經理與設計師，使他們和頂尖的工程師相得益彰。

谷歌早就清楚高效產品經理供不應求，因此推出了 APM 方案來因應所需。這個名稱有時使人困惑，因為許多不屬於矽谷範圍的公司（尤其是採用功能開發團隊的公司）。APM 指的是初級的、年資淺的產品副理，和我們這裡的意思有所不同。

各位將會明白，上述的解說與我們的 APM 方案幾乎南轅北轍。千萬不要把二者混淆了。

谷歌不辭辛勞在公司內外尋覓著最出色、最聰明的產品經理。APM 方案給予有志成為產品經理的幸運人員兩年的教練時間，好學習如何成為出類拔萃的產品經理，並在最終晉升為產品領導者。

這個方案的目標在於，網羅各領域（不論是商界或教育界）經證實表現優異，以及／或是具有無比潛能的人才，透過教練計畫將他們培育成為強效產品經理。

這個方案主要歸功於梅爾。她還親自投注無數時間，教練了許多前途可期的產品領導人才。此方案已造就一批非凡的幹才，其中多數成為谷歌最卓越產品和服務的幕後推手，也有不少人自創公司擔任領導者。

秉持著相同的精神，我多年來也招募和教練了許多引以為榮的產品開發人才，他們當今遍布業界各領域、領導著世界各國最出色的產品組織。

我也學習到，負責管理人員的領導者，最重要的職責是促進部屬的發展。因此，我時常期勉中型和大型公司推行 APM 方案，培養具有極大潛能的產品經理。

這個概念已從谷歌擴及臉書（Facebook）、推特、英領（LinkedIn）、優步（Uber）、Salesforce.com、Atlassian 等公司，如今許多頂尖科技公司都有自己的 APM 方案。有些公司的方案甚至每年推陳出新。有些公司則因應多種不同類型的產品，交替推出相應的方案。各公司的方案互異奇趣，並沒有唯一的正確做法，不過我要分享一些原則：

- 第一項原則：只有在高績效產品領導者有意願，而且能夠密集投注時間教練部屬時，才適合推行 APM 方案。即使是管理著管理階層的副總裁層級領導者，只要他們熱中於促進部屬發展並且有傑出的教練能力，就應當爭取直接參與 APM 方案。如果貴公司沒有這樣的領導者，或者領導者無法從事密集的教練工作，那麼可以考慮從外部延請一位經過驗證的教練，給他至少一年的時間做出成果。
- 第二項原則：高標準設定 APM 方案適用對象，只接受具備最佳心態和最高潛能、能夠帶來價值、熱中創造事物與締造成果的人才。
- 第三項原則：要評量所有參與者的職能，確認他們的必要

技能發展程度。而且要全年不斷重新評測。

- 第四項原則：推出個人化的一到兩年教練計畫，以協助他們發揮潛能。而且至少要每週安排經驗老到的領導者與他們一對一面談。

當然，學習如何創造卓越產品，必須實際著手去探索和交付，所以要讓他們確實參與關鍵的產品開發團隊。這些任務只有在他們獲得密集且持續的教練的情況下，才適合執行。

APM 方案的某些面向，例如能見度、推廣程度以及對受訓者的期望等，理當和公司文化相輔相成。我一般偏好保持低調，讓參與者能夠憑藉各自的長處來贏得同儕的尊重。

值得一提的是，APM 方案是增進產品組織多元異質特色的極有效方法。原因在於，APM 不同於多數的攬才活動，獲選加入的人才憑藉的不是經驗而是潛能。

成敗的關鍵在於，領導者能否了解所有科技產品公司都需要強效產品經理，而且領導者必須孜孜不倦尋覓人才、堅持不懈促進他們的發展，使他們能夠充分發揮潛能。

第**32**章

新員工訓練營

矽谷產品團隊夥伴克里斯提安・依蒂歐迪（Christian Idiodi），多年來在打造強效產品開發團隊的聲譽斐然。他為昔日服務過的公司創建的新進人員訓練營，已成為教練平凡人組成非凡團隊的絕佳典範。以下是他分享的經驗：

招聘產品開發人員（尤其是產品經理、產品設計師和技術主管）是艱苦的差事。畢竟公司都會千方百計留住最優秀產品開發人才，因為他們致力於化解有意義的難題，而且能提出富創意的解決方案。

一般來說，各家公司偏好延攬曾在產品公司有過成功實績的人。這種想法就類似「既然他們在先前的公司頗有作為，來我們這裡也會大展身手。他們往日推出過卓越的產品，將來必然能做出同樣的成果。」

問題在於，不論產品開發人員在過去服務的公司有多大的成就，新公司不見得具備使他們再創佳績的一切條件。新公司固然歡迎他們，也會幫他們融入新工作環境，但通常不足以使他們在發揮更重要的角色功能上做好準備（例如，棘手難題做決策或獲取同儕高度信任）。

產品經理對顧客、公司、產業和產品必須具備深層知識。除非公司徵才時有特意要求，否則就職第一天或第一個月往往無法達到這樣的標準。因此，產品開發人員有必要接受入職培訓，這也將決定日後他們能有多大的貢獻和成就。

我創立了新進員工訓練營，好幫助新進員工彌補實然和應然能力的落差，並且將他們推上成功之路。

我是在十年前擔任產品主管、負責攬才時啟動這項新人培訓計畫。我見過不少失敗的產品開發人員，也明白他們其實完全有能力擔任這項工作。然而，某些欠缺使他們的核心能力無法為公司帶來成果。我發現產品開發人員要克服的最大問題，以及獲致成功的關鍵在於：

- 理清現今和過去的決策方法有何不同？
- 掌握當前的公司注重的事情，公司的目標何在？
- 想清楚如何獲取同事的信任？
- 了解現今的當務之急是什麼？

因應這些問題，我為新進產品開發人員創設了一項訓練營計畫，讓他們在上班第一週接受為期五天的密集培訓。每天一開始是個人成長課程，每位新人要內省，並為未來的工作做好準備。

接下來，他們要練習溝通、接受人格測驗、學習人際技能、為自己規畫職涯成長路徑。聚焦於個人成長的用意在使他們了解，公司關懷他們和他們的未來發展。這同時也是依循「先自助才能助人」的原則。只要培訓的領導者人格健全，未來他們的部屬就會有更好的發展機會。

除了促進個人成長，受訓者每天也要接受不同主題的產品開發訓練。我們把這部分稱為**策略脈絡**相關課程。這是指產品開發人員理當明白的公司內部最重要課題。

在第一天，我們討論如何了解顧客。雖然多數產品開發人員知道怎麼「摸清顧客」，但還要使他們熟悉公司的歷史，並且弄懂一切事物的脈絡。

我們與他們分享願景、財務模式，並且共同討論客戶探索、既有客群以及未來客戶展望。接下來一週，我們一起探討產品驗證、打造、排定優先順序、學習與評量以及進入市場策略。

所有這些主題攸關組織的目標以及完成任務的方法，其中的脈絡能使學員真正理解如何為自己找到定位。公司可依據珍視的事物和價值觀來調整這些主題，最重要的是，給予受訓人員探索的空間，因為這會影響他們未來成功之路。

探討了策略脈絡之後，我們還安排產品開發人員講述各自的工作經驗，並且與受訓者討論各項課題。這個步驟看似微不足道，卻是新進人員著手與其他人建立關係和互信的關鍵開端。

產品開發人員可以直接談論團隊裡工作的實際情況，和怎麼對顧客負責、與利害關係人協作，以及指引學員熟悉往往很複雜的公司環境。用過午餐後，我們會前往產品工作坊，在這個如同工作場所的地方，受訓人員可以實際應用他們上午學習的一切。我們也會安排產品開發團隊成員指導他們，一起在安全的條件下實做。

新人摸索前輩工作方法的學習曲線會縮短，學習障礙也能預先排除，這可以為大家節省許多時間，以及避免日後的困擾。

訓練營強化了學習與成長的企業文化。新進人員結訓後不會問說「我今天該做什麼？」因為他已經預先知道。他也會有迅速做出決策的能力，而且已建立的各項關係也有助於快速獲致成果。

　　這就是對產品開發人員賦權的方法，提供他們成功所需的資訊，然後信任他們有能力做好事情。請記得，聘雇聰明的人才不是要指示他們做事，而是要讓他們以顧客鍾愛而且商業上可行的方式來解決難題。

　　投資新進產品開發人員不是做一做職場性向測驗就完了。請考慮為他們開設訓練營，幫助他們迎向成功，並為他們的工作賦予意義。

第33章

績效考核

如果交由我決斷的話，我會完成廢止儀式性的年度績效考核。 然而，我們理當慎選戰場，而且世上多數公司的績效考核，全然是為了遵循法規和薪酬管理。所以，我只好咬緊牙關，做必須做的事。

不過，有件絕對重要的事要提醒大家：負責攬才的管理者應了解，年度績效考核從來不是主要的回饋工具。如果管理者把績效評估當成主要回饋工具，將會徹底失敗。

年終績效考核可有可無，也總是緩不濟急。我們要以每週一對一互動（如果無法每日互動的話）作為主要回饋工具。請記得，主要目的不是為管理者著想，而是為員工著想。因此，年度考核的相關績效絕對不能有任何令人意外的結果，否則就是管理者失職。

我們見過管理者迴避衝突，避免給予部屬必要的建設性批評。這種情況通常是，管理者認定部屬效能不彰，並與人力資源部門討論，然後人資部門要求管理者把問題載入績效考核文件中。結果就是，相關員工收到績效單時感到意外和困惑。這並不公平，而且在絕大多數情況下，這是完全能夠避免的事情。

每當得知管理者做了這種事，我會認為他對部屬的績效考核有嚴重問題，這時必須檢視他每週一對一教練的準備工作。我也會和相關員工直接討論績效問題（以確認這些教練回饋對他起了什麼作用）。

這樣的狀況明確顯示，並不是每個人都適合擔任管理者。想成為稱職的管理者，基本上要能主動向部屬提供坦誠、適時而且有建設性的回饋意見。

另一項必須謹記的重點，有些人不太能理解他人的暗示。有時管理者相信他已經給了部屬負面的回饋意見，然而部屬卻沒能意會到事情的嚴重性或是意義。在這樣的情況下，管理者理當把問題說清楚，不要讓部屬有任何疑問。如果管理者每週教練部屬，那麼即使他的負面回饋意見最初被部屬忽略了，也應於下回互動時請他正視問題。

績效考核的底線是，遵循法規、做必須做的事，但是要確實以每週一對一互動作為主要的回饋機制。

第34章

終止聘雇

負責管理人員的管理者，最棘手的事情莫過於解雇員工。

當然，要避免終止雇用關係，管理者理當增進招募、面試、錄用、入職培訓，尤其是教練式領導力等方面的效能。這是絕對要做的事情。然而，偶爾也會發生一些狀況導致做了也不管用。

首先必須了解，不能只在乎有問題的員工，還要顧慮團隊其他成員（他們都必須應對隊友的問題或承受負擔），以及解雇對於團隊和更廣大的組織釋出的訊息，尤其要留意，這會凸顯出領導者與利害關係人未能撥亂反正。

我們理當在慈悲為懷和當機立斷之間求取平衡。這一方面會受到公司文化影響，一方面又受到勞動基準法的制約。公司人資部門會幫你了解和依從法規的相關責任。

關於用錯了人如何亡羊補牢，往往涉及兩種主要情況，而我處理這兩種情況時，心中始終有一把尺。

一種最常見的情況是，儘管管理者認真地持續教練，員工就是無法勝任職務。我通常會誠摯地全力以赴三到六個月，如果部屬在這個期限

內仍未能達到稱職水準，我會承認再繼續努力也行不通。即使我在每週一對一教練時逐漸明確顯露急迫感，使部屬明白自己沒有進步，但有時就是無濟於事。

面臨這種情況，我會覺得部分錯誤出於自己，因為我錄用了這位員工，而當初應當更正確地看清他的能耐。我也覺得有責任幫他在公司或其他地方另謀出路。

第二種情況則較不常見，也就是解雇「有害的」員工。所謂「有害」是指他的行為有某些嚴重問題，會破壞人們對公司的信任，以及讓人覺得不受尊重或產生更糟的感受。

處理這兩種情況的棘手地方在於，每個人難免有一時不順遂或是遇上重大的人生難題。所以我們必須判斷部屬的問題只是暫時的狀況還是長期難解的積弊，以及他是否有意願和能力控制自己的行為。但是我要重申，一般就是給他三到六個月的修正期限。如果期限過後問題依舊無解，那麼接下來應當轉而專注於，如何保障團隊和組織其他成員心理上的安全感。

對於第二種情況，我會誠實指出他行為上的問題，以及這對團隊互信和公司文化的影響。而且我不想幫他在公司或其他地方另找工作。這種狀況特別棘手，做出有害行為的人往往也具備某些超強的技能，而公司對於失去這樣的幹才必定會緊張不安。事實上，在其他員工迎頭趕上之前，公司可能會經歷一段艱難時期。

無論如何，解雇有害的員工終究是正確的做法，這不只使其他員工有了升遷機會，也有助於改善職場氛圍。

我不想虛假宣稱解聘員工是件無感的事。我依然記得往日必須終止

雇用某人時胃裡翻騰不已的感覺。然而，如果你認真想要創立強效產品開發團隊，汰弱留強實在是基本要務。

第35章

升遷

在人員配置方面，解雇員工是我最不喜愛的事情，而拔擢員工無疑是我的最愛。在首度擔任管理者時，我學習到，管理者最顯而易見的成功跡象就是部屬獲得晉升。

幾乎所有公司都有職涯升遷管道，員工可以從資淺的角色逐步升任更資深職位。多數晉升發生在某項職務的系列等級裡（例如從工程師按部就班升為資深工程師、技術主管、首席工程師）。不過，也有人獲得跨越職務分類的晉升（比如從資深產品經理升任產品設計管理者。）

討論這個主題當然先要了解員工的職涯抱負。

有些人即使想要登上備受尊崇的高位，卻仍想要持續當個別貢獻者。有些人期勉自己能夠榮任領導職位，或是希望有朝一日自創公司。有些人還不確定自己想要什麼，因此寄望能有各種不同的選擇。

我始終非常樂於和部屬討論職涯議題，一旦我熟悉了某位員工與他喜愛和擅長做的事，我會坦然分享各種適合他的升遷機會。不論他們的職涯目標是什麼，我都會承諾，只要他們全力以赴，我會竭盡所能幫他們達成目標。而且這也是我的職責所在。

我喜愛為每個人職涯的下一個目標指出明確的途徑，主要藉由評量他們現有的知識和技能，和他們期望職位的必備條件二者比較。這會得出一份職能落差清單，可據以探討他們學會並且展現必備知識與技能的方法。先讓他們自我評估，然後再比較你為他們做的評量，也會有所助益。

　　一旦他們的職能符合晉升新職的條件，我會不遺餘力幫他們爭取升遷。我總會預告他們說，這可能還要取得其他人批准，而且特定職位可能不會立刻有職缺，但只要機會來臨，我會鼎力協助他發揮優勢。我也會說明，只要他的技能日益精進，對公司就愈有價值，因此幫助他升遷絕對符合公司最佳利益。

　　有個特殊情況值得一提，那就是拔擢個別貢獻者出任員工管理者，這不只是一個更資深的職位，卻是截然不同的職務，理當具備的職能天壤之別。重要的是，升職者必須了解公司對他的要求以及他是否真的適得其所。

　　科技產品公司有雙軌職涯升遷管道的主要原因在於，人們力爭上游不光是為了更高的薪資。

　　身為領導者，我最引以為榮的是看到昔日雇用的人成為非凡的領導者。正如管理學大師湯姆‧彼得斯（Tom Peters）所言，「領導者不製造追隨者，他們創造更多的領導者。」

深入閱讀｜留住人才

我要重申這句老生常談：「人們加入公司，卻因管理者而求去。」

我（凱根）真心相信此言不假。因為這句話曾在我身上應驗過（我曾因糟糕的管理者而去職），而且我也在其他人身上看過無數次。

員工離職是公司常見的事，有時也有益於公司的體質。有些人可能出於配偶在遠地獲得重大職位，有些人可能要自己創立公司，有些人可能決定退休。無論如何，如果離開的總是你不想失去的員工，那麼公司的管理勢必有潛在的問題。

我一直強調，主管有必要在員工離職前與他們談談，即使是層級比你低很多的員工也不例外。我們有必要親自確認他們離去的原因，同時也應找出可提供給管理者的回饋意見。

根據我的經驗，真正關懷部屬職涯並且努力不懈教練他們、幫助他們升遷的管理者，很少有留不住人才的問題。這樣的管理者不但在公司享有聲譽，而且往往有人想要轉調到他們手下，為他們效勞。

第36章

領導者側寫：艾波・安德伍
（April Underwood）

領導力之路

安德伍研習資訊系統和商業，職涯最初擔任研發者。寫了幾年程式之後，她成為線上旅遊平台 Travelocity 的軟體工程師，並且立刻在第一線為 Travelocity 與雅虎（Yahoo!）和美國線上（America Online）等當時網際網路巨擘公司的夥伴關係效勞。

通過工程師的工作，安德伍開始將科技選項和商業策略連結起來，並且發現產品管理有助於促進二者齊頭並進。

她堅持不懈地表明自己有志成為產品經理，而且持續向 Travelocity 和事業夥伴展現自己結合工程師與商務人士兩種角色的嫻熟能力，於是她在 2005 年如願以償，首度出任產品經理。

我在 2007 年結識安德伍，當時她已取得企業管理碩士學位、在蘋果公司完成實習，並且曾在谷歌面向合作夥伴的科技組織裡擴展領導經驗。

安德伍後來加入推特擔任平台事業產品經理，五年內公司員工從

一五〇人驟增為四千人。在這段期間，她同時領導著產品經理團隊、商務開發團隊以及產品行銷團隊，職能與日俱增。這使她具備了日後出任更高階領導角色的條件。

2015 年，她轉任 Slack 軟體公司平台事業主管，並且迅速升任副總，負責產品事業，最終在公司營收與員工人數持續近四年高度成長之後，出任產品長。她監督 Slack 公司平台事業和產品所有面向，以及設計和研發。Slack 得以在企業應用軟體業界出類拔萃，仰賴的關鍵就是設計和研發。

安德伍也在 2015 年與推特前同事共同創辦 #Angels，現今從事著新創公司投資與諮詢事業。

行動領導力

安德伍的職涯凸顯出通往產品管理的途徑不計其數，而且產品管理有著不可限量的角色版本。她指出：

在職涯初期，網路公司泡沫剛破滅，那時我搬離了矽谷，而且滿心認為典型的產品經理就是：有生意頭腦的企管碩士，而且擁有工程和科技背景。

當我首次表明有志往產品管理方面發展，人們告訴我必須先取得企管碩士學位。進入企管研究所時，我在當時的東家 Travelocity 獲得了升任產品經理的機會。我接下了產品經理職務，同時也繼續企管研究所的學業。在 2007 年我拿到企管碩士學位後，業界已經天翻地覆：市場千變萬化、產品經理的角色日趨著重強效的科技相關技能。由於我曾經擔

任過工程師，因而自許對這些變化做好了準備，但是在 2007 年加入谷歌公司後，才發現自己無法成為產品經理，因為我當時沒有電腦科學相關學位。門檻真是愈來愈高。

我當上產品領導者迄今已有十三年，從而發現了一些明確的模式：

產品經理的典型角色會因應市場的需求而變化。

當科技成為創新的核心動力和機會的來源，具備愈多科技能力的產品經理愈受重用。在行動科技當道之際，擁有設計鑑賞能力，又能打造出轉換成本低廉的應用程式的產品經理，更成為難能可貴的人才。當創新的前沿地帶轉移到營運（比如運輸、房地產、接待服務、外送服務），我們繞了一圈回歸到珍視產品經理必備的商業價值取向。

以上不同類型的產品經理並沒有哪一個明確勝出，但是異質多元更勝過唯一標準。

我在 Slack 組建了一個產品經理組織，並在五年內成長了五倍。當年我在延攬產品經理上特別注重應徵者實際經驗的特點、他們先前打造產品的主題專長、前公司的成長階段。決定哪些特點最重要的過程中，我得以縮小攬才範圍，從而聘雇到得力的產品經理。

產品領導者晉升為公司領導者的必備條件是，具有既深且廣的角色功能。

產品領導者不僅要在定義和打造產品上領先群倫，同時也得了解，唯有使目標客群明白他們確實需要某項產品，才能讓產品大發利市。任何平台只有在研發者和用戶都賦予產品價值的情況下，才會真正妙用無窮。我們必須依據能使商業健全的原則來打造產品。以上這些有關行銷、夥伴、財務等的洞見，對於創造產品非常重要。我在職涯裡扮演過多種不同角色，有時是出於個人選擇來學習新的技能，而有時則是受到個人無法控制的原因驅策。

　　如今，在獲得產品主管的經驗之後，我領悟到這些迂迴的過程實際上是我最富價值的資產。它們助益我了解如何徵才和策進他們的發展，使他們有能力擔任不同的領導角色，也有助於我在不同組織之間架起橋樑，並且使我銘記產品始終是為更遠大的公司使命服務，不可反其道而行。

第**4**篇

產品願景和各項原則

產品開發團隊

目標

探索
/
交付

目標

探索
/
交付

目標

探索
/
交付

多數公司會以某種形式宣示使命、概述企業目的（例如把全球資訊組織起來），但又不會提及公司計畫如何達成使命。這個要務勢必要由產品願景來承擔。❶ 啟發人心又扣人心弦的產品願景可以達成許多關鍵目的：

- 促使我們專注於顧客。
- 充當產品組織的「北極星」，使我們共同了解大家一致期望達到的成就。
- 啟發平凡人創造非凡的產品。
- 提供我們有意義的工作。路徑圖上的功能清單不是有意義的任務。為用戶和顧客的人生帶來正面影響才是有意義的事情。
- 使相關的產品趨勢和科技發揮槓桿作用，而我們相信這有助於以當前可行的方法來為顧客解決問題。
- 使工程組織明確看清未來幾年的趨勢，以確保他們備妥足以因應需求的架構。
- 產品願景也是團隊拓樸結構的主要驅動力量。

因為有這些作用，我們可以把卓越的產品願景當成最強有力的攬才工具，好招募強效產品開發人員。產品願景也是強大的產品福音傳播工具，可用來號召公司同仁（從高階主管、投資人、銷售人員到行銷人

---

❶ 我在《矽谷最夯‧產品專案管理全書》第 24 ～ 27 章討論過產品願景，該書是從「產品開發團隊需要什麼來做出好決策」這個觀點來看問題。至於本書，我是以產品領導者的觀點來探討產品願景。

員），提供不可或缺的協助與支持。

我承認，傑出的產品願景基本上是一項說服工具，但也有點像是某種形式的藝術。無論如何，產品願景不宜過於詳細或是約定俗成，因為這樣有可能使產品開發團隊把它誤以為是產品規格。

優異的產品願景引人入勝、啟發人心，有助於對團隊賦權，使團隊精神煥發地努力實現願景。

第37章

創造引人入勝的願景

怎麼創造強大又扣人心弦的願景？

以客為尊

產品願景是，使公司專注於顧客所關切事物的主要工具之一。公司的目標（公司的儀表板）往往描繪，我們如何拓展商務和降低營運成本，並使我們能夠看清公司各種不同的體質指標。團隊目標則告訴每個成員，必須解決哪些與公司或顧客有關的問題。所以，我們通常知道自身的工作如何對公司做出貢獻，同時也明白沒能解決顧客的問題，公司將得不到任何好處。

我們理當了解公司受哪些因素影響，同時也絕不能忘記，所有益處都源自於提供顧客實質的價值。沒能給予顧客價值的失敗產品數不勝數。我們應從用戶和顧客的觀點來說故事，闡述產品願景。我們要闡明如何以有意義的方式提升他們的生活。

當我和一家公司合作創造產品願景時，首要的事情之一是，在公司裡找一位績效極高的產品設計師協作。他可以是一位資深產品設計師，

或是設計團體的領導者。假如產品設計組織沒有經驗充足的設計師，在這種罕見的情況下，我會鼓勵產品領導者依據產品願景，找經驗豐富的產品設計公司合作，創造「願景型」原型（visiontype，我們會在後面詳加探討）。

產品組織的任務在於，想方設法落實願景承諾的一切，而這需要雄心勃勃的產品策略，以及持之以恆的探索和交付。

北極星

傑出的產品願景恰似產品組織的**北極星**。

正如北極星能引導分散在全球各地的人們抵達目的地，產品願景提供目的給產品開發人員，不論他們身在何處，或是負責產品的哪個部分。

只要公司成長到一定程度，建立了多個產品開發團隊以滿足顧客時時刻刻的需求，個別產品開發團隊就很容易陷在自身的問題和工作裡，以至於看不清楚整體的目標。

產品願景代表著共同的目標，能時時提醒我們不要忘記更遠大的目的。舉例來說，產品願景可以闡明，我們如何藉由供應第一輛面向大眾市場的電動車，好應對全球暖化問題。

產品團隊可能只負責產品願景某個組成要素，但所有個別團隊理當了解全局：

- 終局將是何等光景？
- 個別團隊如何對整體做出貢獻？

要確認團隊所有成員都明瞭這兩個關鍵問題的答案。個別團隊各自擁有產品願景是沒有意義的事情。這根本搞錯了重點。因為產品願景的意義在於共同的目標。

範圍和時限

多數公司的產品願景常犯一個錯誤，那就是沒有足夠的雄心壯志或充實的意義。有些公司的產品願景甚至讀起來像是功能開發路徑圖。

如果團隊思考的只是一些功能開發問題，就不可能會有耐人尋味或意義非凡的產品願景。產品願景必須描繪你力圖開創的未來，以及你計畫以什麼方法來改善顧客的未來生活？

你不須費心解釋方法，因為這可以透過產品策略和產品探索來說明。我們當下要做的是全力刻劃終局的光景，以及我們為何渴望實現它。至於路徑圖，只是你相信可能有助於達成目標的一組功能開發項目和專案。

一般來說，產品願景往往必須三到十年才能落實。而且愈複雜的產品和設備所需時間愈長。

善用產業趨勢來產生槓桿作用

新科技通常能促進一些方興未艾的趨勢，但有些潮流被炒作一陣子後就會銷聲匿跡。

身為產品領導者要有能力判斷哪些是真正的趨勢、哪些只會在風靡一時之後煙消雲散。最重要的是，要洞悉哪些趨勢有機會幫助你實質交付創新的解決方案給顧客。

多數時候，善用產品願景能使重大產業趨勢產生槓桿作用。舉例來說，當前的重大科技趨勢包括：行動裝置相關應用、雲端運算、大數據、機器學習、擴增實境、物聯網、邊緣運算（edge computing），以及企業消費者化。

請注意，產業趨勢並不限於科技趨勢。其他諸如用戶群行為改變，以及購買行為改變等趨勢，也都不容小覷。

我只能猜測未來五到十年的重大趨勢，但我可以確定，日後還會有更多新趨勢接踵而來。而且我相信，當前的趨勢在未來五到十年仍會與時俱進。真正的趨勢經得起時間的考驗。

還有，顧客在乎的不是我們的科技，而是我們為他們解決問題的能力。所以，雖然在一項特定科技上可以義無反顧，卻也要牢記，科技的目的是以顧客鍾愛的方法解決問題。

深入閱讀｜誰擁有產品願景？

產品主管負責確保組織具備引人入勝的產品願景，以及能夠實現願景的產品策略。不過，實際情況往往複雜許多。

首先，為了擬出令人神往的產品願景，產品主管有必要和設計主管與科技主管密切合作。產品願景應是三方協作的結果，必須兼顧用戶體驗、賦能科技和商業需求。它需要這三方面的人才全力以赴。

其次，產品願景成功的條件是執行長（或超大型組織商務部門的總經理）對產品願景擔負實質責任。

在許多新創公司裡，執行長也是實際上的產品主管，所以理當對產品願景實質負責。在其他公司，產品主管有必要使執行長深度參與，好和產品願景產生實在的連結。

各位務必了解，執行長理當鍥而不捨地向投資人、媒體、其他企業領導者，以及無數的潛在顧客「推銷」產品願景，而且始終要甘冒失去工作和聲望的風險。

這不意味執行長必須創造產品願景，但他有必要參與其中，而且產品領導者理當確保執行長關切的問題得到處理。優異的產品領導者必然要有能力，使其他人共同分擔產品願景的責任。

第38章

分享產品願景

我們應當把啟發人心的產品願景當成禮物與人分享。

傳播產品願景

產品願景值得我們投注時間和努力，以最佳方式廣為傳播。請記得，產品願景的目的在於激勵人心，而 PowerPoint 簡報難以感動人。

我們至少要製作一個「願景型」原型，卻往往只是做出一段關於「願景型」原型的影片。「願景型」是概念型原型，也就是高度擬真的使用者原型。這種原型有著擬真的外觀，但全然只是煙幕和鏡像，因此非常容易製作，而且最重要的是，原型不應該受限於已知的打造方法。

「願景型」的高度擬真使用者原型，與產品探索流程的高度擬真使用者原型，各自涵蓋的範圍不同。「願景型」原型描繪產品實現後的世界樣貌（這可能需時三到十年）。至於用於產品探索的高度擬真使用者原型描述的是，我們未來幾週可能打造的新功能或新體驗。

一旦製作出「願景型」原型，你可以向任何人展示。現今多數公司的做法是，依據腳本拍攝一段影片，盡其所能把「願景型」原型呈現出

來。這可能凸顯不同類型用戶使用產品的體驗有何差異，並且透過強而有力的配樂和費盡心思的腳本，來增強對受眾的影響。

傳播產品願景另一個有效的方法是運用分鏡腳本，這和電影的分鏡腳本有異曲同工之妙。藉由影片可以展示「願景型」原型，而分鏡腳本則聚焦於顧客的體驗和情感，並且不需注重細節。這是為了傳播產品願景，而且理當從用戶的觀點說故事，因此產品設計師扮演關鍵性角色，他不但要創新用戶體驗，還要設想什麼方法最適宜宣傳全新的用戶體驗。

驗證產品願景

在《矽谷最夯‧產品專案管理全書》第 4 篇裡，我詳盡討論了，如何運用現代產品探索技法，快速驗證產品創意發想，好決定是否值得著手打造產品。該書出版後，我常被問到：我們能應用這些技法驗證自家的產品願景嗎？要清楚解答這個問題並不容易，但也確實是非常重要的問題。答案其實模稜兩可。我們能驗證的只有願景的需求面。

換句話說，如果今日就能實現願景，那些我們認為人類現有的問題（痛點）還會存在嗎？或是問題真有那麼嚴重嗎？現有的解決方案不足以因應問題嗎？人們會因此而對新的解決方案敞開胸懷嗎？

但我們無法驗證解決方案。這純粹因為新的解決方案尚未誕生，而且我們可能必須長年努力探索才能找出新方案。當然，我們全力以赴設法確認解決的問題是否值得，無疑是一件好事。但這樣還不夠。唯有我們解決了問題，人們才會購買產品。因此我們理當認知，尋求落實產品願景，大體來說是為了信念而放手一搏。我們打賭未來能探索出解決方案，好實現願景所承諾的一切。

以產品願景作為攬才工具

強效產品開發人員都想做有意義的工作，也期望能夠超越自己。他們想成為傳教士團隊而不是傭兵團隊。因此，最出色的產品開發人員特別在乎產品願景，遠超過對其他任何事情的關切。

我們在前面的章節討論過，大舉投資於配置勝任的產品經理、產品設計師和工程師是很重要的事情。而產品願景是領導者在人員配置上，最強效的工具之一。產品願景理當令人神往，要能夠說服你想要招募的人才。

以產品願景作為傳播產品福音的工具

你不僅要說服有潛力從事產品開發的人才，同時也要使公司高層主管、投資人、利害關係人、銷售人員和行銷人員、客服人員、客戶成功團隊，以及公司內外具有關鍵影響力的人，了解你力圖創造的未來。

為什麼？因為他們將透過林林總總的方式幫助你充分實現願景。

另一個關鍵要點是，傳產品福音是永無止盡的事情，這對於產品領導者尤其重要。你必須規畫好如何一再地向同一群人傳達訊息，而且要明白，某個人某天被說服了，並不代表他隔天不會改變想法。

深入閱讀｜分享產品願景 vs. 分享路徑圖

一家公司如果擁有直銷團隊（通常負責大型企業的銷售），銷售人員往往會被要求與現有或潛在的顧客分享產品路徑圖。

重點是要了解產品路徑圖從何而來。現有或潛在的顧客對你的公司投注頗大，而且他們知道自己不只是買了你現在供應的產品，同時也買下了未來多年你提供與產品相關的一切。所以，他們理所當然想要確認雙方目標一致。

最標準的做法是要求看產品路徑圖，往往也是唯一的選項。

經驗老到的產品開發人員都知道，這行不通，因為我們認為能提供價值的許多特定產品功能，最終往往沒能解決深層的問題，無法創造必要的價值。所以，我們會極力避免花費時間打造、釋出不能解決問題的產品功能。

這就是寧可分享產品願景而不是產品路徑圖的原因。雖然顧客不使用產品願景這個術語，但產品願景往往就是他們企求的事物。

從領導者的觀點來看，我們偏好分享產品願景而不是產品路徑圖，因為產品願景奠基於我們所知所學、幾乎是確定無疑的，而產品路徑圖理當經常修改。但如果顧客是出於路徑圖承諾的功能而決定購買產品，那麼修正路徑圖會變得非常棘手。

一些公司認為產品願景是一項資產，無意分享，但我個人偏好對外分享。實際上也有一些公司不准分享產品路徑圖，因為有

可能被人解讀為前瞻性聲明，假如最終沒能交付所承諾的各項功能，公司可能得承擔法律後果。

在某些情況下，你勢必會被追問這類特定問題：「我們目前使用 Salesforce.com，在我們購買你的產品之前，能否先告訴我們，你的解決方案會不會、又將在何時與 Salesforce.com 的平台完成整合？」我們知道這問題非常合理。能不能整合平台是屬於策略性的產品決策，必須先了解提問者尋求整合的本質和目的，才有辦法回應，而且還要衡量事情的重要性，並且確認這不是一次性的特別要求。如果你認為有必要考慮產品的時機問題，我們將會在第 7 篇詳細討論這個屬於高誠信承諾的主題。

請謹記，對於產品願景要堅持不懈，對於細節則要靈活變通。分享願景多多益善，而分享路徑圖則會險象環生。

深入閱讀｜產品願景與架構

許多事物都是源自於產品願景，而工程組織需要確定架構決策符合其需求。

請留意，工程師並不是非得為產品願景打造不可或缺的全盤架構，這甚至不是他們想做的事。但工程師基本上要對最終階段有所掌握，這樣才能做出良好的抉擇、避免被迫重新來過的狀況。

舉例來說，產品願景可能涉及，產品最終必須高度精準預測如何使用戶體驗個人化。即使機器學習能力不是立即的需求，掌握相關知識對工程師團隊決定產品架構，帶來實質的意義。

　　同樣地，產品願景和架構也會深度影響團隊拓樸結構（將在第 5 篇詳述），尤其是涵蓋基礎服務的平台研發團隊。對於有嚴重「技術債」的組織，把願景納入考量的產品架構更是重要。

　　最使我挫折的事情之一是，有嚴重技術債的組織最後取得領導階層支持，並獲得資金來做重大的平台更新，然而卻沒有可以作為新平台架構基礎的產品願景，以致工程組織被迫只能猜測新架構的需求，或者只是延用既有平台行架構，而不是打造出能因應未來需求的新平台。

第39章

產品各項原則與倫理

產品各項原則與產品願景相輔相成，闡明了產品相關決策的價值觀與信念。

當我們賦權給產品開發團隊、給予他們待解問題以及做出好決策所需的脈絡時，產品願景即是其中一項主要脈絡。至於產品探索與交付過程總會冒出一些問題。當某些問題演變為重大挑戰時，產品開發團隊必須相應升級，成為包括產品領導者與利害關係人的更廣泛團體。

在絕大多數的產品決策過程中，產品各項原則在提供團隊所需資訊方面扮演著重大的角色。許多決策圍繞著權衡取捨運行，當我們權衡取捨時，產品各項原則有助於闡明優先價值。

產品開發團隊應了解這些原則和背後的道理。舉一個很常見的例子，多數產品往往涉及易用性和安全性的權衡取捨。對於使用者來說，二者很明顯都非常重要，而且確實不總是相互牴觸。但在這兩個目標扞格不入時，產品各項原則就可以派上用場。每當公司專注於快速成長，產品易用性與安全性二相衝突的情況屢見不鮮，團隊可能會把資源大舉投注於易用性，以至於實質降低安全性的重視程度。

產品領導者不難料到，多數產品開發團隊會面臨這類權衡取捨，即使他們無法預測每種情況，考量和強調產品各項原則的重要性並非辦不到的事。

　　另一個例子涉及倫理問題的決策。雖然我們無法預料可能的倫理問題，但是當遇上倫理問題時，討論產品各項原則至關緊要。

　　假設一個產品解決方案能帶給一群用戶真正的價值，但團隊了解到如果該產品遭惡意使用，可能對另一群用戶造成某種危害，那麼團隊在這種情況上該負什麼責任？

　　我期勉創造產品願景的各位產品領導者，也要備妥一組產品原則，使其與產品願景相得益彰。領導者也要深思熟慮、竭盡所能提供產品開發團隊倫理方面的指引。❶

---

❶　《矽谷最夯‧產品專案管理全書》第 25 ～ 27 章對於產品各項原則有更深入的探討。時常有產品開發團隊跟我指出，在日常的探索工作中，產品諸原則是他們使用最頻繁的策略脈絡之一，而且這些原則和倫理主題在新科技（特別是機器學習相關的科技）紛至杳來之際，日趨重要。

第40章

領導者側寫：奧黛麗・可瑞恩（Audrey Crane）

領導力之路

我是 1996 年於網景公司初識在那裡任職的可瑞恩，當時她的名聲日漸卓著，不但非常聰明，辦事能力也很強。我記得，她非凡的心靈打動了我，她還向我分享了大學時代研習數學和戲劇的經驗。

在網際網路方興未艾之際，可瑞恩的工作結合了產品和設計。她在網景有幸師從當代產品設計先驅修・杜伯利（Hugh Dubberly）。那時杜伯利負責管理網景的設計等團隊，在此之前曾任蘋果公司創意總監。

可瑞恩離開網景後加入了杜伯利的設計公司，負責過業界多項最具挑戰性的設計任務。過去十年間，她是 DesignMap 設計公司的夥伴，雇用和教練過數百名產品設計師。她也對數百種各式應用程式的設計貢獻良多。她的著作《為什麼 CEO 要了解設計這門學問》（*What CEOs Need to Know about Design*）已在日前問世。

行動領導力

可瑞恩的這些話最能詮釋她自己的領導風格：

我最初是在劇場習得管理和被管理的經驗，我的管理風格主要源自當年這些經歷。

多數人直到十五歲左右才開始暑期打工，而我大約十歲開始就參與戲劇演出，並且在中學、高中、大學和畢業多年後始終堅持不懈，直到進入網景公司從事設計工作。

請不要誤會，演戲稱不上我的職業，但我在舞台上、服裝間和後台投注了無數時間，甚至還擔任過導演。我確信這一切有助於領導力的養成。

劇場類比

戲劇製作方面的一些基本原則，能夠巧妙應用於職場。當然，劇場和職場都有一個團隊為共同目標而努力不懈，成員都因為富有經驗、技能、潛力以及和他人協作的能力而獲選進入團隊。

願景

戲劇導演必須為大家設定共同目標和未來願景，這是因為團隊成員有著多樣的技能（表演以及燈光、布景、聲光和服裝設計，還有化妝、舞台管理等）。

劇場的目標當然要有藝術性的抱負，但也要兼顧策略和實務：觀眾

會如何反應？我們負擔得起什麼樣的服裝和舞台場景？需要多少演員？什麼樣的製作能讓劇場座無虛席？

我也致力樹立願景，並且與團隊協作以闡明和確立各項目標。

我喜愛這種逐漸拼湊出全局的解題方式，而且偏愛與團隊齊心協力，一起判斷和釐清種種限制、衡量整個組織和顧客相關的目標、評估各種能力，以及創造願景揭示我們如何來完成一切。

不以自我為中心

導演選定一位演員擔綱特定角色是因為他相信，這位演員能把角色詮釋得淋漓盡致。導演有個非常古老而且極為堅定的法則：不教演員模仿他的方式讀台詞。

那是令人非常難以接受的事情，而且意味著導演技能不足，無法使演員發揮表演實力，或是導演認為演員最好依樣畫葫蘆。請想像一下，假如每個演員和工作人員都被導演有限的能耐綁手綁腳，整場戲勢必軟弱無力。

如果演員和工作人員願意冒險信任導演，相信他能通覽全局、做到盡善盡美，那麼一旦出差錯，導演必須負起責任，同時也不能站上舞台謝幕。這種承當罵名、不攬功勞的哲學雖不是嶄新的管理風格，但在劇場得以發揚光大。

全力以赴

導演的最高職責是，促使團隊每個成員不遺餘力達成共同目標。導演很少是團隊裡本領最強的人，當然，他理應知識充足，能夠賞識、支

持並促進團隊每個成員成長，但不必最傑出，這在某些方面甚至至關緊要。

同樣地，擔任管理者時，我確信團隊每個成員在許多方面都比我優秀。我不會要求他們依照我期望的方式做事，也絕不要求他們全然效法我。我寧可找出他們熱中又擅長，或正努力學習的事物，並將他們組織成卓越的團隊實現共同目標，好支持公司與客戶的更遠大目標。

我的職涯最有益的經驗是，辨識人們不自覺的才華和性向，然後說服他們相信自己可以在任何事物上發揮所長。與團隊一起工作，讓他們以熱中或擅長的方式做事，意味著我們有所歸屬，而且集體的力量遠大於個人。只要成員有歸屬感，而且能夠有所成就，這樣的團隊就是變革型的團隊。

當我還是個雇員時，曾經受過凱根和杜柏利這些管理者啟發（我很感激自己能有那樣的機會）。他們兩人有個共同點，就是激勵人開創偉業的方式。在他們手下做事會有點戒慎恐懼，因為他們都以特別的方式信任我，但老實說我不認為自己能達到他們信任的那種程度。

我極為尊重、欽佩和愛戴他們，因此儘管當時我相信他們高估了我，仍然全力以赴不辜負他們的期望。

批評

不論是劇場或是電影導演都會經常「對人下便條」，好傳達建設性的回饋意見，比如說「做得好，可以再多一些」，或是「對你的選擇感到困惑」，頻率有時是每隔一小時一次，有時是每個場景一次，有時是每場演出一次。明確而且直接的回饋意見，有助於促進相互尊重和協作。

慶功

　　慶功是劇場和電影界固有的美好傳統。不論是開幕之夜、閉幕之夜或是殺青派對，每個與會者可以乘機思考大家一起努力的成果。但是商界慶功的機會實在不夠多，因此我總是想方設法表彰有功人員。

　　身為領導者，任何事情都比不上組建一個才華縱橫的團隊、給他們一個激勵人心的故事、教練他們充分發揮潛能，並且看著他們一起創造非凡的事物。

第**5**篇

團隊拓樸結構

策略脈絡

公司使命 / 目標 / 計分卡

產品願景與各項原則

團隊拓樸結構

產品策略

產品開發團隊

目標

探索
/
交付

目標

探索
/
交付

目標

探索
/
交付

當今多數科技產品暨龐大又複雜。雖然有一些例外，但整件產品由單一團隊打造完成的情形寥寥無幾。大多數產品需要數十甚至數百個團隊通力合作。

這意味著，所有產品開發組織都必須處理好團隊的結構問題，以利最有效能的分工。我曾在《矽谷最夯‧產品專案管理全書》第 2 篇探討過，產品團隊結構與範圍界定相關主題。

無論如何，因為這個主題與賦權息息相關，所以在接下來的系列章節，我們將更深入討論團隊拓樸結構。我喜愛「拓樸」這名詞是因為，它能表達大型體系構成要素的配置概念。[1] 一個產品組織的團隊拓樸結構涉及以下問題：

- 我們的組織應有多少個產品開發團隊？
- 如何界定每個團隊的責任範圍？
- 個別團隊的成員應具備哪些技能？應有多少人具備這些技能？
- 團隊之間應建立什麼樣的依存關係？

一般來說，團隊拓樸結構有助於解答公司，應該如何組織產品開發團隊來推出卓越產品。

如果你是產品領導者，組建高效能團隊是你的關鍵職責之一。鑒於涉及許多應當深謀遠慮的事情，所以也是領導者最棘手的職責之一。不

---

[1] 這個名詞的創造者是馬修‧史凱爾頓（Matthew Skelton）和曼紐爾‧派斯（Manuel Pais），有興趣的讀者可以參閱他們的著作《團隊拓樸》（*Team Topologies: Organizing Business and Technology Teams for Fast Flow* ,Portland, OR: IT Revolution, 2019）.

變的實情是，隨著遠距上班員工與日俱增，團隊拓樸結構也更為複雜。

首先最重要的是，團隊的範圍界定應依據賦權的各項指導原則。這包括賦予團隊對所負責問題的真正主導權、給予他們交付解決方案的自主權，使他們與公司顧客、商務和科技的各個面向適配（Alignment）。

適配是千頭萬緒的事情，理應使個別團隊的範圍界定與廣泛的脈絡協調一致，而這包括商業目標、顧客類型、組織工作彙報結構、科技架構、產品願景等。

另一個重要的考量是，相互依存的產品開發團隊的數量和本質。每個產品開發團隊都有各自的依存關係，領導者在權衡取捨上必須深思熟慮。

最後，即使我們全力以赴維繫團隊的穩定和長久發展，領導者理當了解，團隊拓樸結構應隨著需求和環境變化而與時並進。

在思考後面章節的內容時，有個務實的重點應牢記在心：團隊範圍界定應取決於協作的產品管理、設計和工程領導者。最完善的團隊拓樸結構應在這些關鍵領導者的需求之間求取平衡。

在接下來的幾個章節，我們將探討團隊拓樸結構相關議題，以及與賦權的關聯性。我們也將講述團隊拓樸結構的設計與應用方法。

第 41 章

優化團隊以賦權

本書先前提過團隊拓樸結構的概念，講述如何組織團隊，使成員能夠做出卓越成果。團隊拓樸結構界定了各團隊之間的界線，並確立各團隊負責解決哪些範圍內的問題，是產品領導者最重要的決策之一。

然而，許多公司仍然不注重這方面的決策。多數公司往往只是依循最少阻礙的路徑，讓團隊拓樸結構自然發生。這可能只是既有的組織圖，或是工程技能組的鏡像，也可能只是配合著某些企業主、利害關係人的營運責任。

雖然這些因素有時是為特定團隊畫定界線的好方式，但我們應當考量更廣泛的因素後再做決斷。不宜輕易定奪團隊拓樸結構。

在不少情況下，團隊拓樸結構早在多年前就已敲定，只是大家都不情願去改變。早年理性的編組方式如今製造了不必要的依存關係、複雜糾葛，以致不利於對團隊賦權。這時，領導者有必要痛下決心進行整體或部分重組。

產品領導者要明白，賦權給團隊會極大影響到團隊拓樸結構。優化相關決策，理應在三項息息相關的目標之間求取平衡。這三個目標分別

是主導權、自主權和適配。

主導權

主導權不光只是團隊的目標。主導權還設定每個團隊對於功能性、體驗、品質、性能,以及技術債的完整權責範圍。團隊被期望在主導權範圍內做出必要的權衡取捨,以最適切的方式處理他們的工作。

當每個團隊有了有意義的負責事項後,我們就可以進一步賦權。

如果一個團隊的權責範圍非常有限,團隊成員很難持續獲得動機。他們不會了解自己的工作與公司更廣大目標的關聯性,而且會覺得自己只是無足輕重的人。

相比之下,一個團隊與更大的目標有了連結之後,成員會受到啟發並相信負責的是有意義的工作。他們會因擁有主導權而更感到自豪。在多數情況下,給予團隊的主導權愈大,愈有利於達到賦權的成效,但當權責範圍遠超越團隊的規模與技能組合時,可能會對賦權團隊造成損害。

舉例來說,一個團隊在顧客產品體驗方面有主導權,但也被要求對一種或更多複雜體系具備相關技術知識,以利基本改造。這樣的團隊恐怕難以深刻理解他們在主導權範圍內的創新責任,畢竟高度的認知負荷對於賦權造成了負面影響。

賦權不只要明確界定主導權的範圍,同時也要求釐清主導權。當團隊不清楚擁有哪些工作的主導權的話,賦權會被削弱。

雖然總會有一些工作的主導權模稜兩可,但良好的團隊拓樸結構能解決的問題理當多過主導權所引發的問題。

自主權

這是一個強而有力的概念，卻往往被領導者和產品開發團隊誤解。自主權並不是指一個團隊不可和其他團隊有任何依存關係，也不是意味著團隊可以任意追求他們喜好的事物。

自主權的意思是，團隊對於負責解決的問題有充足的主控權，得以用他們發現最適切的方法來化解難題。不過團隊如果有太多依存關係，的確可能使它窒礙難行。

我們期許團隊在敲定解決方案前，以產品探索工具研究各種選項和不同取向的方法。而且我們信任他們的決斷，因為我們知道他們可以做出好決策。

然而，所有團隊之間都需要某種依存關係，而賦權會使他們彼此的依存關係降到最低程度。舉例來說，依據科技子系統（technology subsystems）嚴格劃分團隊，會使任何單一團隊很難就顧客的實質問題構想出整體解決方案。

歸根究底，對團隊賦權就是要促使他們以最佳方法達成必要的商業成果。賦予團隊自主權有助於落實這個目標。

適配

適配是團隊之間的界限，以及策略脈絡在其他層面的配合程度。

當適配度良好時，團隊仰賴依存關係來完成工作的情況會減少，團隊可以迅速做出決策，而且較能達成商業成果。簡而言之，當適配度高時，賦權的成效會提高。

適配往往是團隊拓樸結構最複雜的層面，因為有許多相關的不同面向必須考量，而其中最重要的兩個是架構和商業模式。

　　我們先來談架構適配問題。最理想的架構奠基於產品願景，作用在於對產品願景賦能。這種情況下，與技術架構適配的團隊拓樸結構自然也會與產品願景適配。這樣的團隊可以負責有意義的工作領域，也可被賦予自主權來做出重大決策。

　　然而，在技術債和／或是老式過時系統龐大的公司，團隊可能很難與技術架構適配。因為他們的工作無比複雜又亂無章法，即使只是簡單的事情，也可能曠日廢時（如果真的可行的話）。

　　至於與商業模式適配包含了，產品開發團隊和組織的關係，例如他們與不同的事業單位、進入市場策略、顧客類型、市場區隔之間的關聯。

　　我們會在後面的章節深入探討這個主題。

　　請記得，永遠不會有單一的「完美」團隊拓樸結構。

　　團隊會面臨許多權衡取捨，而當務之急是優化團隊拓樸結構以利賦權。要達成此目標，最佳方法是增進團隊的主導權、自主權和適配度。

第42章

團隊類型

　　矽谷產品團隊觀察過數百家科技公司的團隊拓樸結構，並且提出相關建議。雖然就團隊拓樸結構來說，每家公司實際上都是獨一無二，但仍有一些重要、優異的務實做法，有助於優化團隊拓樸結構以利賦權。

　　我們將在本章探討兩種基本的產品開發團隊類型：**平台開發團隊**，他們管理各項服務使其他團隊得以輕易發揮槓桿作用，以及**顧客體驗團隊**，他們負責使用戶和顧客體驗產品價值。

　　我們著重強調，任何團隊拓樸結構都要考量基礎的科技架構，以及更廣泛的產品策略脈絡（包括各種商業目標、產品願景、策略等）。這意味著，產品和工程領導者基本上應共同決定團隊拓樸結構。

平台開發團隊

　　平台開發團隊可提供槓桿作用，因為他們能使服務無所不在，而且畢其功於一役。比如說：

- 負責認證或授權的平台開發團隊

- 負責維護可重複使用的介面元件庫的平台開發團隊
- 負責提供測試和自動化部署工具給研發者的平台開發團隊

平台開發團隊也為管理複雜性保留餘地，因為他們能包容特別棘手或專門化的產品領域。例如：

- 萃取老式過時體系以創造融合條件的平台開發團隊
- 管理支付流程的平台開發團隊
- 管理特種稅額計算的平台開發團隊

平台開發團隊在工作上可能不會直接見到終端顧客、高層主管和利害關係人，然而請不要認為這些團隊無足輕重。在小型公司裡，平台可能是由單一團隊負責。在多數大型的卓越科技產品公司，產品開發團隊大約有一半是平台開發團隊。

此外，平台開發團隊能減輕顧客體驗團隊的認知負荷。顧客體驗團隊不必了解平台如何運作，就能使用平台服務，於是可以專注於解決顧客或商業的問題。

顧客體驗團隊

顧客體驗團隊負責用戶對應用程式、使用者介面、解決方案的體驗，或是使用者旅程相關的體驗。使用者可能是購買產品的客戶或是這些客戶的員工（以 B2B 產品來說）。不論如何，如果產品開發團隊致力於公司任何客戶（包括消費者）的體驗，就是面向**顧客體驗的團隊**。

然而，使用者也可能是公司內部人員，並且對交付必要的顧客體驗上具有舉足輕重的影響力，例如顧客服務人員或是機構內部夥伴。如果產品開發團隊致力於這類內部員工的產品體驗，就屬於**促進顧客體驗的團隊。**

不論是面向顧客體驗或是促進顧客體驗的團隊，真正的顧客體驗團隊在產品出問題時會直接影響顧客，例如因系統停擺而無法應對顧客的問題或要求。

就平台來說，顧客的產品體驗可能是由單一團隊負責，或由多個團隊分擔責任。比如，可能依據用戶類型、市場區隔、使用者體驗旅程的階段或是其他方式（第 44 章會詳述），由不同的團隊來負責顧客體驗。

許多公司因拓樸結構，使得每個顧客體驗團隊只負責極小部分的端對端（end to end）體驗，在這種情況下，每個團隊很難體認到不必和其他團隊協調也能帶來影響（即使只是小小的改變）。

相較之下，當你盡一切可能授予顧客體驗團隊端對端責任時，賦權就能達到極致。這樣的團隊會具備實質的責任感、更高的自主性，而且成員能輕易明白，他們在解決顧客問題和達成商業成果上的影響力。

許多高績效公司發現，豐富的平台是促成顧客體驗團隊責任範圍擴大的強大工具。平台開發團隊能減輕顧客體驗團隊使用基礎科技的認知負荷，並讓他們得以熟悉更多的顧客相關問題。

第43章

對平台開發團隊賦權

在前面的章節，我引介了兩種主要的產品開發團隊類型，並且講述了平台開發團隊如何創造槓桿作用，以及助益顧客體驗團隊包容複雜性。

平台開發團隊為其他團隊略去細節，簡化了各項服務和技術架構根本的複雜性，從而提高了賦權等級。賦權給平台開發團隊一直是個棘手的議題。因為顧客體驗團隊的目的在於，為用戶和顧客解決問題，平台開發團隊則實質對顧客體驗團隊賦能，使他們能夠以更好的方式化解顧客的難題。

因此，平台開發團隊做的是間接貢獻。

一旦明白了平台開發團隊的影響，我們就能分辨他們和顧客體驗團隊各自的職責所在。一方面，他們的主要工作是推進團隊的目的。我們留待稍後再來細說這個部分。

無論如何，所有產品開發團隊另有一些我們稱為「維持業務正常運行」（keep-the-lights-on）的職責。❶ 也就是日常使公司業務持續運轉的

---

❶ 有些公司把「維持業務正常運行」稱為「日常事務」（business as usual），但我無法苟同，因為太多公司認為產品開發團隊做的全都是這類事情。

必要工作，例如修正程式錯誤、處理產品性能相關問題、為公司在法規遵循等沒有協商餘地的事情上增添應對能力。

事實上，平台開發團隊這方面的工作，往往多過顧客體驗團隊，這是出於平台開發團隊必須對依賴他們的顧客體驗團隊賦能。平台開發團隊可能有一成、有時甚至近五成的這類工作。

所以，把這些「維持業務正常運行」的工作區隔出來後，有兩種主要對平台開發團隊賦權的方式，使他們邁步前進：設定團隊共同目標以及平台作即是產品的目標。

團隊共同目標

平台開發團隊最常藉助團隊共同目標，高效完成主要工作。團隊共同目標使平台開發團隊，與一個或更多的顧客體驗團隊的目標一致。

我們會在第 57 章探討團隊共同目標的機制。當前我們只要明白，團隊之間理當協作以探索和發展解決方案。有時，協作基本上非常依賴各團隊像合而為一那樣密切合作。

以內容管理系統（CMS）為例，假設你有一個平台開發團隊，專門管理內容的後端儲存（backend storage）和應用程式介面存取權限（API access），而且另有一個顧客體驗團隊管理面向用戶的工作流程。再進一步假設，你的內容管理系統雖然對圖像內容很在行，但為了因應新的市場擴展策略，必須要擴增支援影像內容。

這時，平台開發團隊和顧客體驗團隊有了團隊共同目標，兩個團隊必須密切合作以敲定最適切的用戶體驗，以及如何將它具體落實。在其他情況下，團隊協作可以細分。平台開發團隊和顧客體驗團隊可以選定

一種應用程式介面，作為雙方某種形式的合作契約，然後兩邊就能大抵獨立完成工作。

比如說，電商公司增添新的支付方法時，平台開發團隊要管理所有支付上的複雜性，並提供應用程式介面給顧客體驗團隊。負責結帳體驗的團隊創造面向用戶的流程（前端），而平台開發團隊則實現前端與後端支付處理的整合。兩團隊在測試和交付過程也要密切合作。

不論雙方協作程度高低，重要的是兩團隊要有共同的策略脈絡和目標。他們理應在工作價值和意義上彼此心領神會。

平台即是產品的目標

某些公司的產品就是平台。他們銷售應用程式介面給顧客和用戶（通常是研發者），用來打造各自的產品。我們稱這種平台為外部開發者平台。

在這種情況下，平台就是產品，就該如同產品一般對待。顧客與用戶雖是研發者而不是消費者，但他們使用的就是產品。

請留意，當前有個方興未艾的趨勢：愈來愈多公司對內部平台和外部平台產品的管理正日漸趨同。這些平台產品的目標往往近似顧客體驗產品，用於增長顧客人數、促使顧客適應產品性能、改善客戶營利狀況（以外部開發者平台來說）。

平台開發團隊和顧客體驗團隊就如同產品開發團隊，如果遇上重大的品質、性能、研發者體驗等問題，不要只是顧慮日常的「維持業務正常運行」職責，而要把工作提升到團隊目標的層次。

在對平台開發團隊賦權方面，如果你能明辨「維持業務正常運行」

的工作和目標工作的差異，就能使平台開發團隊與顧客體驗團隊的賦權層次並駕齊驅。

第44章

對顧客體驗團隊賦權

正如前面所說，顧客體驗團隊負責用戶或顧客如何感知產品的價值。關鍵要點在於，當團隊被盡可能授予最多的端對端職責時，賦權可達到最大成效。

在團隊負責範圍符合商業的自然型態（例如銷售通路、市場區隔、用戶類型）情況下，前述事情最可能發生。這往往意味著，要創造出與顧客適配的團隊拓樸結構。以下是一些例子：

- 用戶類型適配（比如，騎士團隊、駕駛團隊）
- 市場區隔適配（像是，電子產品團隊、時尚團隊）
- 顧客體驗旅程適配（例如，用戶引導團隊、顧客保留團隊）
- 銷售通路適配（諸如，自助服務團隊、直銷團隊）
- 關鍵績效指標適配（譬如，新用戶成長團隊、顧客轉換團隊）
- 地理適配（比方，北美洲團隊、亞太團隊）

這樣的適配代表著團隊的責任範圍符合公司對結果的需求，團隊被

賦予自主權來直接解決問題，而且產品開發工作能創造出商業成果。

　　隨著產品類型不同，顧客適配也會相應有所不同。接下來舉一些例證，不過這不是窮盡一切的詳盡清單，而且我們提及的組織顧客體驗團隊方法也不是不二法門。不過，這些都是常見的模式，而且都已經證明是有效的方法，可以應用於你的團隊拓樸結構。

媒體產品

　　對於雜誌社、新聞網站或隨選視訊服務公司來說，可依據內容性質或授權方式來組織顧客體驗團隊。

　　所有內容管理和共同功能交由平台開發團隊來處理。而且平台開發團隊也能提供給各個顧客體驗團隊（產品開發人員的主體）廣泛的服務。

　　每個顧客體驗團隊要有各自負責的媒體類別，或品牌的端對端需求（例如，體育新聞、地方新聞、天氣報導）。在某些情況下，單一團隊可能負責多個相近的媒體類別，而有些團隊負責的顧客體驗則規模較大或較專門化。這有助於確保不同類型的顧客需求都能獲得滿足，同時也能使顧客體驗團隊適配不同類別的商業目標和進入市場策略。

電商產品

　　電商產品的模式和媒體產品相似，尤其當購買體驗因產品類別（比如，汽車零組件 vs. 門票、活動 vs. 珠寶）而顯著不同時更是如此。鑒於電商產品是在擁有共同服務（目錄管理、開發票、帳戶管理等）的豐富平台上建立起來的，因此顧客體驗團隊理當與產品類別適配。

企業產品

企業產品通常必須因應不同的客戶而專門化。有時要順應顧客垂直市場的各項差異（例如，製造 vs. 金融服務 vs. 零售）；有時進入市場策略上會有非常重大的差別；有時則會因為客戶的規模不同而有一些差異。比如說，伺服器訊息區塊（SMB）是經由自助服務入口網站連接，而針對較大型的用戶理應配置銷售人力，以及客製化所需的 API。

對於企業產品，合理的做法是依據公司最息息相關的市場區隔來組織顧客體驗團隊。我要重申，組織團隊的目標是，使他們能以最好的方式服務特定顧客，並且與公司其他單位保持一致。

市場產品

許多產品的目的在於，連結具有共同目標的不同人群：買家和賣家、司機和搭乘者、飯店和賓客。多數市場是雙邊市場，但也有多邊的市場。在大多數情況下，市場兩邊的個人需求非常不同。對於支持雙方的其餘業務也是如此。由於這兩個原因，通常可以使拓撲結構在市場兩邊各組織顧客體驗團隊，並對團隊賦權。

顧客賦能產品

顧客賦能產品開發團隊創造工具和系統讓公司內部員工使用，所以這些內部員工能提供某些非同小可的顧客體驗。這可能包括對顧客服務或內勤員工賦能的系統。

我要再次強調，拓撲結構能對顧客體驗團隊賦權，而方法是使團隊

適配公司內部各類使用者端對端的需求。

　　最後要注意的是，拓樸結構不須使所有顧客體驗團隊在單一層面（比如垂直市場或是客戶規模）上保持一致。某些拓樸結構在不同的領域會因應差異運用不一樣的適配方法，前提是要合情合理。

深入閱讀｜拓樸結構與設計

　　多數公司了解跨功能產品開發團隊（至少就顧客體驗團隊來說）要有專心致志的產品設計師。這是承認產品設計師對於強效產品很重要。

　　然而，偶爾會有公司的設計領導者偏好與眾不同的「內部代理機構模式」（internal agency model）。在這種情況下，設計領導者手下會有一個設計服務團隊，產品開發團隊必須向設計服務團隊提出要求，好獲得產品所需的各種設計。

　　採行這個模式確實有特定的好處，尤其是在確保設計觀點的整體性方面。無論如何，正如政治家艾隆・波爾（Aaron Burr）轉述林-曼努爾・米蘭達（Lin-Manuel Miranda）的話，基本上這叫「在會議室裡發生的事」。

　　在內部代理機構模式下，當關鍵決策在會議室裡就敲定時，設計師往往沒有參與其中，因此設計師和最終的產品使用者都會為此付出代價。設計事關重大，遠非內部服務機構所能勝任。我

們的產品開發團隊需要一流的設計師，正如需要頂尖的產品經理和技術主管。

設計管理者經由建立設計標準、指南和設計系統，以及複審設計師的作品、推行設計策略與設計師們召開檢討會議，可以確保整體一致的設計觀點。

請注意，這些對於採用功能開發團隊的公司無關緊要，因為設計師並不參與他們的關鍵決策。

深入閱讀｜拓樸結構與工作回報結構

工程方面很常依據特定技能來建立工作回報結構。例如，資料工程師、前端工程師和手機工程師等群體，通常各自向該功能管理者彙報工作。這樣可以確保所有管理者都能提供團隊裡的工程師特定的技能教練。

這流程不是問題，但是對技術領導者來說，他會想要使產品團隊與這種工作回報結構完全保持一致。例如，前端工程師自組一個產品團隊。但這種方法無法產生賦權的產品團隊，因為團隊除了技術技能相同之外，沒有其他方面的好處。這方法很難達成公司想要的實質成果。

例如，將組織劃分為網路團隊、iOS 團隊、安卓團隊和後端團隊的拓撲結構，會造成所有團隊難以具備應對多通路顧客體驗的能力。著名的電腦科學家馬爾文‧康威（Melvin Conway）創造了經常被稱為「康威法則」（Conway's Law）的格言，說明任何從事系統設計的組織產物，都會反映該組織本身的結構問題。

換句話說，我們應留意交出的產品不是自己組織結構圖的鏡像。跨功能團隊另一個最大的益處是，可藉由對產品最有利的因素來決定團隊成員，至少沒有理由讓團隊拓撲結構來主宰團隊成員的工作回報關係。

第45章

拓樸結構和鄰近性（Proximity）

截至目前，談論的都是團隊組成和責任範圍界定的方法，還沒有討論到團隊所在位置的主題。這是我們創造團隊拓樸結構時，理應考量的一個重要且實際的因素。

在新冠病毒全球大流行之前，就已經出現一種轉向另類辦公室策略的趨勢，主要驅動力量來自於可用人才短缺，以及主要科技中心的居住成本居高不下。許多公司已經無法在公司總部所在地，聘用到擁有必要技能的人才，因此不得不考慮其他選項。

全面擁抱遠距離上班的員工是其中一個選項。這樣做有許多好處，其中包括可以從任何地方雇用人才，而且員工可以選擇符合自身偏好的居住地點。有些公司擇用了另一個選項，他們想要所有員工在同一處辦公中心上班，但礙於可用人才短缺和生活成本居高不下，因而把總部遷移到新的地點。最後，延伸出一種非常有效的折衷方式，那就是開設遠端辦公室。

許多公司已在世界各城市設立遠端辦公室，尤其是在擁有充足工程與設計人才的都會中心，然後為這些遠端辦公室配置產品開發人員，以

遠端員工來補足人力。這種模式能夠發掘在地人才，同時也能擁有辦公室的種種效益。

當然，權衡取捨總是難免的，而且這些遠端辦公室可能使組織承受額外的負擔。對於負責教練和監督的管理者來說，尤其棘手。

接下來，讓我們深入探討各種不同形式的鄰近性主題，以及涉及的特定權衡取捨。

團隊成員鄰近性

這是指團隊成員是否同地協作（辦公座位都在一起），或是完全分散辦公（例如，每個成員都在家上班），或是混和二者（例如，產品經理、產品設計師和技術主管同地辦公，而其他工程師或是在家或是在另一辦公室工作）。

對於仰賴創新的團隊來說，同地協作有著重大助益。產品探索的動力依靠的是密集的協作，尤其是產品管理、產品設計和工程之間的協作。雖然遠端辦公也不是不能協作，但確實較為艱難。

如果工程師在不同的辦公室工作、或是遠端上班的話，技術主管會承受許多額外的溝通負擔。

顧客鄰近性

如果你的團隊為印度顧客或企業打造服務項目，那麼把團隊基地設在印度會有實質益處。不過，只要克服語言、時差或文化上的問題，還是可以運用一些工具與全球各地的用戶和顧客遠距聯繫。所以，對於產品經理和產品設計師來說，只要多付出一些努力，不難克服地理距離遙

遠的問題。

商業夥伴鄰近性

如果你的團隊必須和公司特定人員（比如營運團隊或顧客成功團隊）密切合作，那麼這種工作環境最接近顧客，當然也好處多多。但即使沒有鄰近之便，我們還是可以透過額外的努力（例如長途出差、打電話或視訊電話、擴大服務範圍等）來克服種種不便。

管理者鄰近性

一般來說，產品管理、產品設計和工程的管理者，負責管理不同產品開發團隊的人員，這往往使他們易於檢討團隊的工作、觀察成員們的行為，以及提供在地的員工必要的教練。

不過，在多數中型和大型企業，管理者通常迫於需要，必須應付不同地辦公或在家上班的員工。當然，他們可以付出額外努力（例如長途出差、打電話或視訊電話、頻繁溝通等）來克服距離的問題、徵詢回饋意見並提供關鍵持續不斷的教練。

其他產品開發團隊鄰近性

在許多情況下，產品開發團隊會有相互依存關係，而且有必要協作才能解決更龐大且複雜的難題。這對於地理上鄰近的團隊來說並非難事，但我們同樣可以付出額外的努力來克服距離的問題，主要是產品管理者和工程師必須頻繁地溝通、遠途出差，以及運用集群管理（swarming）技法。

高層主管鄰近性

依公司文化和高層主管的實力而定，高層主管可能會覺得親近產品開發團隊有實質必要。當團隊在遠距辦公室上班或是在家工作時，產品管理者理應付出額外努力，與高層主管和利害關係人發展及維繫必要的關係。在這種情況下，管理者應當扮演更大的角色。

優化產品開發團隊

期望各位已明白，這些層面的鄰近性都涉及一些權衡取捨。一般原則上，優化產品開發團隊鄰近性，是與優化管理者鄰近性或顧客鄰近性截然不同的事情。以下是兩種常見且必須權衡取捨的情況：

一種是該選擇讓產品經理與設計師同於總部辦公（鄰近管理者、公司主管和利害關係人），還是讓產品管理者與設計師和工程師同地協作。就優化團隊的原則來說，我們偏好後者。

另一種是選擇讓產品經理和設計師在鄰近顧客的地點工作，或是在鄰近工程師的地點上班，而我們依然是偏好與工程師同地協作。

請記得，這是一般性原則。在某些狀況下，我們會做出不同的選擇，但重要的是，至少了解這些都涉及了權衡取捨，並明白怎麼做才能減輕損害。

第46章

拓樸結構的演化

多數公司現有的拓樸結構其來有自。

以新創公司來說，當工程師人數成長超過十五人時，往往拓樸結構就會應運而生。這時公司明白，早年對員工賦權的做法，如今已不堪負荷協同合作的重擔。他們也會發現，決策和完成簡單的事情都變得困難重重。因此，他們決定組成兩到三個跨功能產品開發團隊，於是就成為拓樸結構的基礎。

至於不是採行產品開發團隊模式的大型公司，拓樸結構的起點，通常是在他們採用敏捷開發方法的時候。這時員工會接獲指令，組織小規模、可持久運作的團隊。公司劃分團隊的方法即建立起拓樸結構。

有些公司的拓樸結構是因應產品願景，以及／或是產品架構的重大變化而確立。不論是出於哪種原因，如果一家公司產品的策略脈絡出現徹底的變化，那麼拓樸結構就有必要相應調整。

無論公司出於什麼理由重新檢視拓樸結構，都應當專注於優化團隊的主導權、自主權和適配度來對團隊賦權。

拓樸結構演化

　　無論公司最初的拓樸結構有多大的賦權成效，這種成效並不會恆久不變。現實一直在變，有時拓樸結構必須相應改變。以下是一些可能有必要變更拓樸結構的情況：

- 產品開發團隊必須倍增工程資源，好進軍下一個目標市場。
- 新策略將逐漸淘汰多個團隊共同維持的某項產品。
- 新策略將透過內部平台團隊，使一些核心能力可被其他團隊利用。
- 新商業目標期望打入擴張階段的市場。
- 系統架構面臨重大重構。

拓樸結構警訊

　　即使沒有基於上述理由積極調整拓樸結構，優秀的領導人仍然要時時檢視團隊與成員，而且要透過賦權的視角來評估拓樸結構。如果你發現下列警訊，即表示需要留意一下拓樸結構：

- 你經常在團隊之間調用產品開發人員。
- 你必須頻繁插手化解團隊間依存關係引發的衝突。
- 你的開發人員抱怨說，即使是簡單的事情也涉及過多與其他團隊的依存關係。

- 各團隊的負責範圍極為有限。
- 開發人員必須處理太多領域的複雜問題。

不論是主動或是被動,在某些情況下我們都需要重新審視團隊拓撲。這時,你應盡可能保持現有產品團隊的完整。畢竟,整個組織在增進各團隊關係以促成良好協作上所費不貲。這意味著,在可能的情況下,最好的做法是賦予現有的團隊一組新的職責,而不是把現有團隊打散、將成員重新分配到其他團隊。

不過,有時仍有必要推行更重大的拓撲結構變革。這種情況下,應該當心的是,不要過於頻繁變動。如果你持續每年重大變更團隊拓撲結構超過一次,這可能是某個方面出錯的警訊。

拓撲結構決定團隊成員日常的合作者、工作內容,以及人際互動的本質。當拓撲結構變化時,有可能帶來極大的破壞性影響。

即使你只是暫時把某個人調到其他團隊,去處理緊急的優先要務,也應當考量一下上述事情。由於被調動的人必須調適新的團隊和工作,有可能因而備感艱辛。有人員被調走的團隊也不會好過,因為團隊通常被迫設法填補空缺工作。

第 47 章

領導者側寫：黛比・梅瑞迪斯（Debby Meredith）

領導力之路

我是在網景公司初識梅瑞迪斯，當時她管理的工程組織負責網景的瀏覽器。她是於 1995 年 Collabra 被網景收購後，成為網景的一員。你可能沒聽過 Collabra，但他們曾擁有非凡團隊和超高績效領導者，而且領導者後來迅速成為網景前所未見、成長階段的關鍵人物。

梅瑞迪斯來自美國中西部，曾在密西根大學研習數學和電腦科學，後來遷移到矽谷，進入史丹佛大學進修電腦科學，之後成為軟體工程師，不久便當上大型組織的工程領導者。

她在網景時贏得了業界「最頂尖工程領導者之一」的聲譽，後來又經由創投資本家和業界友人推波助瀾，成為許多工程組織志在必得的領導人才。

行動領導力

梅瑞迪斯擅長振興前途看好、但工程方面必須升級的組織,或是產品未能有效地打入市場的公司(多數是新創公司)。她先後協助過五十多家企業,其中多數卓有成效。她初到這些公司時,往往發現他們主要依靠功能開發團隊和路徑圖運作,而且領導者灰心喪志,工程師悶悶不樂,雙方逐漸失去互信。她有必要獲得這些才氣縱橫的專業人士的信賴,並且與他們並肩作戰,將組織轉變成事半功倍、可以大展身手的產品開發團隊。

見證這些公司改造前後的情況,我總是激動不已。我和她討論了如何促成這些轉型,以下是她的說法:

每家公司的情況不同,開始時我會找組織裡各階層的人對談,聆聽他們的意見,並了解他們認為我能夠如何改善現況。此外,重要的是觀察大家開會時的互動,以及組織的各種系統與產出物,才能了解公司獨特的人際動態和運作過程面臨的各式挑戰。

在完成獲取資訊階段後,我一般會發現四大必須專注處理的基本、關鍵的事項:

高層理當以身作則

如果一家公司的工程組織在擴充或交付方面苦苦掙扎,那麼公司高層可能有某些嚴重的問題。我務必要了解並處理這些問題,否則任何變革都難以帶來重大的衝擊,或者只會有暫時的影響力。

許多新創公司的創辦人或執行長，都未曾和強效的工程組織合作過，而且我時常領悟到，公司領導者基本上誤解科技角色，不清楚工程師身為產品經理與設計師的夥伴，所做的必要貢獻。

　　我還進一步發現，許多公司創辦人和執行長沒能意識到，自己對於工程組織成敗所扮演的角色。所以，我們有必要在這些方面教練他們。

專注和策略

　　成功創建和擴展一家公司，絕不是簡單容易的事，而且每家公司都有遠比自身人力所能完成的更多工作要做。因此，專注是基本要求，而產品策略可以使我們最充分地運用既有的資源和人力。

　　如果我們仔細檢視，往往會發現快速擴張的組織或正掙扎圖存的組織，並沒有實質的專注焦點或是產品策略。即使是最好的工程組織，如果同時做太多事情也會蒙受損害。

　　在許多情況下，公司要我出手相助，是因為他們必須重新確立專注焦點。雖然我無法幫他們決斷，但可以堅定地使領導者做出必要的艱難抉擇。

建立信任

　　員工是公司心之所繫，而信任會產生賦能，使員工可以更有效率地合作，好創造和達成遠超越他們個人所能想像的成果。這就是那些成功公司神奇力量的來源。

　　每個組織架構都為整個公司帶來獨特的專業功能。在頂尖的產品開發團隊，工程人員獨一無二的價值在於，持續運用科技推陳出新，交付

能在市場所向披靡的產品。

不論出於任何理由，當工程組織被視為不具備交付能力時，就等於信任出了問題。高層主管和工程組織一旦互不信任對方，勢必導致種種糟糕的行為和道德問題，而且往往造成惡性循環。

所以，各方基本上應持續維繫有益的互信。建立和維持互信需要組織裡各階層的努力，包括專注和運用策略。

履行承諾

工程師一旦給出承諾，務必言出必行。整個組織理當了解和支持相關的「原因」、「時限」和「方法」。這涉及教練高層主管對時限保持靈活機敏，以及教練工程人員嚴肅以對工作方法和兌現諾言的義務。

我們應著重以下兩個要點：

首先，我們必須改變現行不可靠的預估時限方式，取代用更精確的預測方法，嚴謹評量交付成果所需時程。這不是一蹴可幾的事，我們通常需要新的做事方式，而且往往有必要勤奮不懈地練習。

我深信要人按部就班，就跟必須先學會爬行才能走路和跑步一樣。這意味著，我們要打造原型來測試實行性，或讓一些工程師花時間學習和充實自己。無論如何，他們理當有能力以高度的自信，合理預期落實承諾的時限。

其次，當工程師許下承諾就要一心一意、全力以赴。我們期望一家公司所有人員和團隊都能養成「說到做到」的心態。不管怎樣，工程師理當言必信、行必果。

擴展工程組織不是唾手可得的事情。值得慶幸的是，當今已有不少

組織勇往直前、轉型成功的範例，而且這些組織交付的產品，令公司和顧客引以為傲。

第**6**篇

產品策略

策略脈絡

公司使命／目標／計分卡

產品願景與各項原則

團隊拓樸結構

產品策略

產品開發團隊

目標

探索
／
交付

目標

探索
／
交付

目標

探索
／
交付

對產品開發團隊賦權的意思是，交給團隊待解的難題，並且給予他們解決問題的空間。然而，要怎麼決定團隊應當解決哪些問題？

這正是產品策略派上用場的地方。

有效的產品策略絕對是，促使平凡員工創造出非凡產品的基本利器，因為它能使員工專注運用才能，發揮槓桿作用。

不可思議的是，我所知的多數產品組織甚至沒有任何產品策略。他們手中不缺功能開發項目和專案，而且他們打造的事物都有其道理，但顯而易見，他們就是沒有產品策略。

如果你還沒看過《南方四賤客》（*South Park*）關於內褲生意的精彩故事，我建議你先暫停閱讀，去看一下那段影片。❶ 這集真的道盡了我在許多公司看到的實情。他們的產品開發團隊，正確來說，更像是功能開發團隊，他們成天埋頭苦幹產出各種功能項目，卻很難達到他們想要的成果。

這會導致兩種後果：

- 第一個後果，他們大部分的努力徒勞無功（主要因為他們仰賴產品路徑圖），導致心灰意冷。
- 第二個後果，他們沒有充分運用腦力，專注於解決最重要的難題來達成公司需要的成果。

你應該很想知道，為什麼多數公司沒有良好的產品策略。加州大

❶　有興趣讀者請掃描 QR code

學理學院教授魯梅特（Richard Rumelt）在《好策略·壞策略》（*Good Strategy Bad Strategy*）一書中指出：

> **原因並不是這些公司失算了，而是因為他們忙於避開創造優良策略所需的辛勤付出。他們逃避的理由通常是：抉擇很痛苦或是非常艱難。當領導者無意或沒能力在各種相互抗衡的價值中做出抉擇，公司終究只會有糟糕的策略。**

那麼，產品策略究竟是什麼？為什麼這樣重要？

「策略」這個名詞，幾乎存在於一切事物的所有層面，比如商業策略、進入市場策略、成長策略、銷售策略、探索策略、交付策略等，造成詞意含糊不清。不論你的目標是什麼，策略就是你計畫用什麼方法來達成目標。策略沒必要詳列細節，這是為達成目標而制定戰術時要做的事。策略要具備的是整體方法以及邏輯依據。

雖然存有許多不同類型的策略，但我們這裡關注的是產品策略。簡單說：如何在符合公司需求的條件下落實產品願景？

多數公司有他們努力的目標（例如使營收倍增），也有產品路徑圖（戰術），然而卻欠缺產品策略。

以獲得賦權的產品開發團隊來說，產品策略有助於決定應專注於解決什麼問題，而產品探索則能助益我們擬出戰術，產品交付則建立解決方案使產品能夠進入市場。

那麼為何擬定產品策略這麼困難？

因為必須做到四件事情，這些對多數公司來說並不簡單：

1. 要有決心針對真正重要的事情做出艱難的抉擇。

2. 要有能力產生識別種種洞見，並使它們發揮槓桿作用。

3. 要把洞見化為具體行動。

4. 要實行積極的管理，不要依靠微管理。

做抉擇就是需要專注的焦點，決定哪些是真正有必要做的事，以及哪些不是。然而，就是有很多公司辦公室牆上或電子試算表上列著約五十項主要目標或倡議，而且每個產品開發團隊都抱怨說，他們沒有時間做自己團隊的工作，因為林林總總的義務完全占去了可用的時間，更不用說他們還要做日常事務以及處理技術債。

此外，公司那五十大目標或倡議也成了實質難題，畢竟每個團隊都沒有多少可用時間，也沒有明確的主導權，實際上並沒有機會帶來任何根本性的影響。

所以，要了解不是所有事情都同樣重要，或是會帶來相同的影響力，我們必須選定真正具有關鍵作用的目標，這樣才能專心致志去落實。

產品策略的起點是確定焦點，而接下來則仰賴各種洞察力。洞察力源自於研習和思考。分析資料和向顧客學習有助形成洞見。而且公司的動態、核心能力、新興的賦能科技、競爭環境、市場演變和客戶都有可能為我們帶來洞見。

一旦確定了具有關鍵重要性的目標（專注的焦點），並且學會如何辨識槓桿工具和審時度勢（具備洞見），接著必須採取具體行動。

認真對產品開發團隊賦權的公司，意味著決定每個團隊負責實現哪些目標，並且提供解決問題所需的策略脈絡。但這還不夠，因為現實世

界變動不居，世事也總是難以預料。

當產品團隊追求自己的目標時，有些團隊會比其他團隊取得更大的進步；有些團隊則需要有人從旁協助；有些團隊會遇到重大障礙；有些團隊發現他們需要與其他團隊協作；有些團隊意識到他們缺少關鍵的核心能力。團隊有一百種可能發生的狀況。

想做好相關管理工作，要明智而且投入的領導者扮演僕人式領導（servant leadership）的角色。

我的職涯大部分時間在研習產品策略，加上有數十年的實做經驗，因此我認為自己相當擅長產品策略。我最喜好的活動依然是解決難題（產品探索），但如果必須選擇，我會說制定產品策略是更重要、也更難掌握的職能。

在接下來的章節，我們會深入探討產品策略的各項要素：專注力、洞察力、行動力和管理力。

擬定產品策略至少要權衡取捨、深思熟慮和全力以赴。

第48章

專注力

首要之務是專注於主要的事情。

——吉姆‧巴克斯代爾（Jim Barksdale）

本章接續產品策略系列主題，將聚焦討論專注力。慎選戰場是產品組織非常重要的事情。

不光是決定做哪些事、不做哪些事，還要慎重選定真正能夠產生影響的事情來做。這和公司是否關懷顧客是同樣重要的主題。我所知的多數公司領導者都相信自己具備良好的專注力。

然而，他們的認知實際上和現實存有落差。他們認為一個季度或一個年度內理應完成的重要事情，數量往往過於龐大。對他們來說，真正重要的事情通常至少有二十到三十件，而不是兩到三件。

我可以理解為什麼他們自認專注力出眾。

在開過無數會議、同意眾多年度目標之後，他們早就知道很多目標其實難以達成，因此他們知道有時必須說不，也有必要犧牲一些目標。但他們也認為理當下一些賭注，因為擔心錯失良機，也覺得有必要應付

每個競爭對手、虧損的交易、顧客要求。這些都是可以理解的反應。

在這樣的情況下，要有人介入，幫他們重新聚焦於真正重要的事情。以我的經驗來說，許多組織都有這方面的需求。有些組織真的不明白，什麼才是他們應當專注的真正重要事情。

音樂串流服務公司 Pandora 的一名高層主管曾在多年前分享「Pandora 優先順序程序」（Pandora Prioritization Process），也就是這家公司定奪要打造什麼產品的決策程序。

這個程序涉及讓利害關係人「買下」他們要功能開發團隊打造的功能項目，直到他們的預算用罄。我不曾和這家公司合作，但當讀到此事時立刻就看出，他們全然欠缺產品策略，尤其是缺乏專注力。

再加上他們仰賴功能開發團隊，而且看不到真正產品管理的蛛絲馬跡，當然只能打造出許多功能、卻鮮少有成果或是創新的項目，最後公司難免走向衰敗。

在接下來的幾年之間，這家公司的發展確實如我們所料。他們的股票在 2011 年首度公開上市時，每股股價為 16 美元，後來持續走跌，直到每股股價只剩 8 美元，最終遭到購併。

多年來，我一直把此事當成產品開發的負面教材。

多數公司的狀況並不是這麼明顯，但泰半也採行類似利害關係人驅動的路徑圖流程，基本上就是努力將工程產能，「公平地」劃分給公司不同的利害關係人。這就是我說功能開發團隊賣力服務企業的意思。至於產品開發團隊則是以商業上可行的方式來服務顧客。

上述的 Pandora 公司不但欠缺產品策略、專注力，更廣泛說是缺乏產品領導力。平心而論，很少有產品領導者願意用這種方式做事。這通

常取決於執行長和利害關係人的偏好，而且這種情況下，產品領導者被迫充當引導者（facilitator）。

　　無論如何，這類公司雖然會分辨優先順序，卻沒能專注於焦點，即使這樣比較容易推動工作，卻難以帶來成果。如同史蒂芬・邦蓋（Stephen Bungay）在《不服從的領導學》（*The Art of Action*）一書中指出：

> **讓大家動起來其實是件簡單的事情，然而簡單易行只會使真正的問題更難解決。我們理當促使大家完成正確的事情，那些真正重要、會造成實質影響、公司力圖達成以確保成功的事情。**

　　這是關於領導力最重要的課題之一，領導者無論如何都要學會好獲取成功。

　　我（凱根）在職涯早期就熟稔這個課題，並將所學銘記在心，我還發現這個原則可以應用到科技業的許多層面。

　　大學畢業後，我進入惠普公司的應用研究實驗室擔任軟體工程師，對於專注力相關理論已有所聞，但還沒有多少實做經驗。我們當時運用現今稱為「結對程式設計」（pair programming）的方法做事，而與我「共同」寫程式的，是一位經驗老到的軟體工程師。我用了引號是因為，實際上主要是對方寫程式，我多半只在一旁看著，並提出各式問題。

　　我們負責相當低階的系統軟體，而在當時性能是關鍵（如今特定的產品也是這樣）。那時的系統和應用程式往往運作遲緩又不穩定。所以，「性能優化」始終是我們的職責之一。

　　所幸，我們檢視的程式碼泰半不難，重構就能改善。那時我一再指

出可以改進的地方，而對方總是說「我們可以改，但不是現在」，最後他終於說「好，是改善性能的時候了」，於是他著手運用性能分析工具來檢測軟體。到這裡，我們都清楚知道，工作時間實際上都用在哪裡。

他向我指出，雖然程式碼有許多要改善的地方，但即使努力修改，絕大部分的結果也無關緊要，而且使用者事實上也不會察覺。儘管如此，仍有少數總是存在的缺失，而只要改進了這些地方，將能帶來實質的影響。這就是我們理應專注的焦點。

他還表明，多數組織主張「性能最重要」，因此每個團隊或多或少都會注重性能。然而，不論他們多麼努力，絕大多數改變不了什麼。就算有少數促成了改變，卻很少有人注意到。

這個案例足以闡明專注的力量。總體來說，我在多數公司看到關於專注力和產品策略的情況也確實如此。

如果不慎選戰場、專注於少數真正關鍵性的問題，努力終究難以產生影響。對於實際上很重要的優先事項，我們專注的程度又不足以帶來實質的衝擊。

另外還有一個只專注少數關鍵問題的實際理由。多數科技產品開發人員都知道要限制「在製品」（WIP）。這對於採用「看板開發」這類交付流程的產品開發團隊來說，尤其是非常一般的概念。

這方法是說，如果我們限制產品開發團隊同時處理工作的數量，將可以完成更多的工作（得到更大的生產量）。對於多數團隊而言，這代表減少工作項目。如果不限制的話，工作會在瓶頸處逐漸堆積，結果就是一再切換執行緒，最終只能完成少量工作。

這不是難懂的概念，而且多數產品團隊每天都在身體力行。這個概

念在產品開發團隊的層級上很管用，到了更廣大的產品組織層次，更變成絕對關鍵的事情。當一個組織有二十、三十，甚至於五十個「高度優先」目標或專案同時進行時，問題會非常嚴重。

首先，組織可能會不勝負荷，每個團隊都會為了達成目標苦苦掙扎，以致無暇照應顧客或追求團隊本身的目的。其次，團隊會付出實質的代價（尤其在領導力方面）。相關代價涉及時間管理、決策、監督和追蹤、人員配置問題，以及限制在製品。

如果組織能夠一次只專注於少數事項，至少可以完成較為關鍵的工作。所以，我們應當依據真正重要的原則慎選戰場，而且限制同時間內，力圖實現的主要目標數量。

魯梅特提醒我們，所有良好的產品策略都始於專注力：

為了讓好策略發揮作用，我們必須使精力和資源專注於一個或少數幾個核心目標，一旦完成了這些目標將會帶來一連串豐厚的成果。

如果領導者無意或沒能力做出抉擇，那麼公司的產品策略從一開始就注定失敗收場。

我們將在下一章談論，如何對專注的關鍵問題形成洞見，以及如何使這些洞見發揮槓桿作用。

第49章

洞察力

本章談論我最偏好、也最難能可貴的產品策略要素，那就是生成、辨識洞見，和促使洞見發揮槓桿作用，提供給產品策略堅實的基礎。

你可能聽說過，網飛早期如何利用顧客行為的洞見，促成公司快速成長和獲利；或是臉書初期引導新用戶的洞見，驅動臉書爆炸性成長；或是 Slack 和 Salesforce.com 關於客戶試用的洞見，發揮槓桿作用像野火燎原一般席捲業界。

我們將探討這些關鍵的洞見從何而來，以及如何確認你掌握了真知灼見，畢竟洞見可能隱藏在你蒐集的成千上萬數據點中。

但是在開始前，必須先釐清一些事情：

首先，我們不提供關於產生洞見、扎實產品策略和缺乏想像力的教戰手冊或框架。正如我在書中不斷強調的重點，努力不懈和深謀遠慮，是形成產品策略的要件。魯梅特也指出：

好策略不會從某些「策略管理」工具、模型、圖表、專案三角或是問卷裡冒出來。才華出眾的領導者要從，能夠使努力成效倍增

的樞軸點（pivot points）中，識別出一到兩個關鍵性議題，然後把行動和各項資源集中投注於此。

其次，根據我所知的每個案例（包括我個人有所貢獻的產品策略），沒有實質的準備就不會產生洞見。你可能會在淋浴時靈光乍現，但前提是要花費無數時間研究資料、顧客、賦能科技和產業。

策略脈絡裡的資訊，像是公司各項目標、公司計分表、產品願景，是形成有意義洞見的基礎。因此，產品領導者要做好這方面的功課。

再者，各位要了解一件很重要的事情：洞見可能來自於任何人或任何地方。你說不定會從產業分析、與銷售人員的對話、新賦能科技、顧客看似隨意的評論，或是學術論文裡找到靈感。

然而，如果沒有事先做足準備，你可能難以認清洞見，即使它明顯地擺在你的眼前。我的重點是，很難預料什麼能幫自己看清全局，所以要持續密切留意並保持開放的心態。

洞見有四個一貫有效且有價值的來源，強大的產品領導者要投注時間深思熟慮。

定量研究洞見

有些成功的產品策略，其傑出洞見出自於產品資料分析，尤其關於商業模式、行銷漏斗、顧客維繫要素、銷售執行資料等數百種重要指標的分析。

對於產品能引發哪些顧客最好的反應，你可能有自己的一套理論，於是分析後了解到，在特定情況下，產品最顯著適配顧客的價值。你明

白公司可以找到更多這類顧客，或是為其他類型顧客複製相同的動能。

你通常會獲得某種想法，然後測試以取得所需的特定數據。這是常見的做法，你的組織愈快擅長這類實時數據測試，愈有機會獲得持續性的成功。

現今的產品開發團隊幾乎馬不停蹄測試實時數據。我們可以從每次測試學習到一些事情，而且每隔一段時間總能學會真正重要的、具有潛在價值的洞見。

關鍵在於必須先做足功課才能認清這些洞見，然後使它們發揮槓桿作用，化為有意義的具體行動。

定性研究洞見

用戶研究主要在找出洞見，因此我一向傾慕強效的用戶研究人員。他們產生的洞見通常屬於定性研究的成果，因此不具「統計顯著性」，但不必在這方面糾結。定性研究洞見往往意義深遠，而且能實質改變你公司的進程。

用戶研究圈一般把洞見分成兩類。第一類是評價性的洞見，這意味著我們從測試新產品構想學到了什麼？這個想法行得通嗎？如果行不通，原因是什麼？第二類是有衍生能力的洞見，這代表我們是否發現了任何未曾尋求過的新機會？我們是否應當嘗試這個機會？

這時產品開發團隊會感到非常困惑。產品探索過程大部分是在學習如何評估解決方案，也就是專注於找出一個實際可行的解決方案。我們當然有不少想法，並且著手製作原型、找實際的使用者來測試，從中快速得知這些構想可行或不可行的主要原因。

我們每次和用戶及顧客互動時，除了能向他們學習之外，有時也會發現比我們正尋求、大得多的機會。如果我們抱持開放心態，甚至會有更好的機遇。這就是衍生性洞見能促成的事。

即使產品開發團隊沒有積極探索特殊問題，只要團隊部分成員每週花時間與顧客和用戶互動（你確實有做到，對吧？），我們也能發覺新的、潛在的必須解決的重要問題，或是仍待我們設法滿足的需求。

有太多組織沒有持之以恆向客戶學習，有些則是做了卻沒能使所獲的洞見發揮槓桿作用，而這通常是因為功能開發團隊的作用已被過度預定為服務企業，以致往往忽略掉所學到的事情。

科技洞見

賦能科技始終日新月異，而偶爾會有某種科技能以新穎且只有當下可行的方式，幫我們解決長年懸而未決的難題。

對於方興未艾的科技，團隊可能沒有任何受過相關訓練的人才，導致許多領導者因此望之卻步，或是促使他們尋找具有必要相關經驗的第三方夥伴合作。然而，假如該項科技對你很重要，公司就有必要盡快學會怎麼駕馭它。

所幸這不是難如登天的事。你手下最優秀的工程師可能早已考慮採用它，並且期望能進一步探索它的潛能。在最傑出的組織裡，獲得賦權的工程師往往能識別這類賦能科技，並且藉由製作原型等方式積極向領導者展示它的可能性。

產業洞見

大體來說，產業方面要學的事情非常多。我說的不只是競爭環境，還包括你所屬產業主要的趨勢、與你的產業有關的其他產業洞見，以及世界各地相似市場的洞見。

每個領域會有一些相關的分析家，我們應當持續追蹤那些最出色的分析家。有些執行長認為，獲得產業洞見的最佳方式是委外給麥肯錫（McKinsey）、貝恩（Bain）或是波士頓顧問集團（BCG）這類管理諮詢公司。

對此，我是喜憂參半。這些管理諮詢公司的人員固然能力很強，但他們通常有著兩大不利因素。首先，他們大多專注於商業策略，而較少聚焦於產品策略（而且他們往往不清楚二者的差別）。其次，他們投注的時間通常不足以獲得你公司所需的深度洞見，促成你擬定真正可行的產品策略。

因此，產品領導者或產品開發團隊泰半不認為他們提供的洞見重要。這一部分是實情，而另一部分問題在於，第三方發現的洞見很容易大打折扣。

如果你能找到，有興趣長期投入發掘產業洞見的小公司或是個人，並與他們建立互信的夥伴關係，也不失為有益的方法。或者，你也可以招募管理諮詢人員加入產品組織。他們在接受教練之後，往往能成為非凡的強效產品經理或產品領導者。

分享所學

在強效的產品組織裡，包括領導階層和產品開發團隊，要持續對上述四種洞見深感興趣，並且時常討論相關議題。尤其是在大型組織，真正的挑戰往往是，如何在正確的時刻使適當的人獲得洞見。

產品開發團隊（尤其是針對重要問題進行產品探索的團隊）通常能在學習上大有斬獲，但這些洞見往往只有那個團隊受惠。我們認為應當廣為傳播和分享。很可惜，多數團隊是透過電子郵件、即時通訊軟體或寫成報告的方式來分享所學。這樣做很難產生成效。

率先把各個不同團隊學到的洞見彙整起來，並且從中看清真正的機會的，大多是產品領導者或是設計領導者。因此，不論洞見來自數據、客訪、賦能科技、產業分析或任何其他來源，最關鍵的是確保產品領導者獲得這些洞見。

為了做出洞燭機先的策略性決策，領導者會透過許多方式獲取他們想要（而非所需）的資料。這時每週的一對一教練就能發揮臨門一腳的效益。

這也是個好例子，證明獲得賦權的產品開發團隊要的不是更少的管理，而是更好的管理。領導者理應將他從某個團隊獲得的洞見傳遞給其他團隊，使他們從中獲益，更廣泛地說，幫助他們完善商業整體知識。

我向來主張，產品領導者應在他的領域內，以及在每週或兩週一次的全體會議上，彙集所有不同團隊的各種關鍵學習成果和真知灼見。他也應當總結這些洞見和學習成果並分享給整個組織。

這樣做可以達到一些目的：

- 首先，有助於整個組織（包括其他產品開發團隊）對於大家產生的洞見和學習成果有更好的了解。
- 其次，可以確保領導者真正透徹領悟了所有關鍵的洞見，而不只是以電郵把一些最新情況轉達給大家。
- 再者，我們很難預測這些關鍵的真知灼見會在哪裡產生最大的影響，因此廣泛分享非常重要，尤其是讓各團隊都有機會獲益。

不論如何，產品領導者必須有識別洞見的能力，以使它發揮槓桿作用，帶來必要的影響。

我們明白了理當專注於真正重要的問題，以及如何辨識洞見以促使問題能迎刃而解。接下來，要把這些真知灼見轉化成具體行動。

深入閱讀｜願景轉型（Vision Pivots）

本書以理想、符合邏輯的順序討論各項主題，我們從啟發人心的產品願景著手，進而討論如何以產品策略來實現願景，然後探討產品開發團隊應當怎麼執行產品策略。在多數情況下，這順應事情發展。

但是，我們也要認知一個重點：並非所有事都是這樣線性發展。最常見的例子，是在擬定產品策略或是在產品團隊進行產品探索時，我們發現某種洞見從而改變了一切。

我們了解到，改變流程能取得更大或更好的機會，並和高層領導者與公司董事會討論後，促成公司變更產品願景，使關鍵的真知灼見發揮槓桿作用。

這就是所謂的願景轉型，而這樣的做法曾經拯救和造就無數的公司。Slack、YouTube、臉書、網飛等公司，都經歷過這樣的過程。

我有點不想闡釋這件事情，因為科技業界一直有個很大的問題，那就是許多產品組織會過早放棄他們的產品願景。誠如貝佐斯所言：「我們理當固守產品願景」。我非常同意這句話。

只要獲得賦權的產品團隊具備必要的技能和充足的時間，我們終究能落實產品願景。唯有洞見能帶來更大的機會時，我們才有必要促成願景轉型。我們不該基於問題比預想更加艱難而變換願景（這才是正確無誤的觀念）。

第50章

行動力

本章接續產品策略系列討論，主題是將洞見轉化為具體行動。

我們明白要專注於少數重大問題，以及努力辨識有利於形成強效產品策略的關鍵性洞見。接著，我們要把真知灼見化為行動，這有兩種方法。此時會面臨兩種選擇，而藉由所做出的抉擇，我們將能看清公司究竟是認真對產品開發團隊賦權，或是仍然執著於功能開發團隊。

我必須承認，即使公司選擇繼續仰賴路徑圖和功能開發團隊，只要他們擁有強效的產品策略，依舊能做出不錯的成果。當然，也會比只有功能開發團隊而沒有產品策略的大多數公司更加出色。

二者主要的差異在於，你是給予團隊功能開發項目還是待解問題。

多數情況下，二者的差別顯而易見（例如，為線上輔助添增影片 vs. 改善新用戶引導成功率）。然而，有時二者的差異會更加細微（比如說，我們需要應用程式 vs. 我們的用戶要能從任何地方使用我們的服務）。

在第一個例子，增添線上輔助影片只是改善新用戶引導成功率數百種可行方法之一。在第二個例子，增加應用程式很可能是用戶從任何地方存取服務最主要的方法。但鑒於仍有其他多種達成目標的方式，我們

應盡可能給予團隊更多餘地來形成最佳解決方案。

如果領導者自信掌握了執行產品策略的必要功能項目和專案，他們很可能把資訊放進產品路徑圖，並指派相關團隊完成工作。無論如何，假如領導者想讓團隊對所負責問題具有主導權，並承擔起探索和交付解決方案的責任以產生必要的成果，那麼理應給予團隊高度的自由，促成具有高度績效的解決方案。

請注意，對團隊賦權並不是給予團隊空白支票。要對團隊設下一些限制並給予他們脈絡，比如說確保解決方案不會違反現有的合約或牴觸法規。

另外值得一提的是，前述的第一種取向是傭兵團隊的做法，而第二種取向則是傳教士團隊的做法。當然，我一向支持賦權的模式，並且深信這才能持續不斷產生更好的成果，尤其在創新和交付必要的產品方面。

賦權模式提供團隊一組必須解決的特定問題，然後給予他們決定最佳解決方案的自由空間。管理這類團隊的技法林林總總，但最常用的是OKRs。目標是指要解決的顧客問題或商業問題，而關鍵結果是我們評量進展的指標。

我們已經闡述過，公司目標是策略脈絡的關鍵要素。要啟動具體行動，必須提供產品開發團隊特定的目標，也就是所謂的團隊目標。我們將在第 7 篇深入探討團隊目標時，闡明如何在賦權模式下有效運用OKRs。

在討論 OKRs 之前，重要的是先了解，我們並不真的需要這些管理技能。我們只要相關知識豐富的領導者，向相關產品開發團隊闡釋策略脈絡，包括產品策略，然後說明各團隊要解決的問題，以及必須實現的

商業成果。只要團隊具備正確的知識和技能，就可以順利推展工作。

唯有在獲得賦權的團隊人員配置完成、領導者創建了強效的產品策略、準備好並且願意信任團隊解決問題的能力之後，OKRs 管理法才能發揮效用。

無論如何，對團隊賦權不是意味我們可以放任不管並期待他們做出最佳成果。我們仍然必須積極管理來確保產品策略獲致成功，這是我們接下來要談論的主題。

第 51 章

管理力

我們已能專注於少數真正重要的問題、識別關鍵洞見使其發揮槓桿作用，並且把真知灼見化為具體行動以達成團隊目標。

這些全都是完成工作必要的準備，根據我的經驗，如果領導者在這裡止步的話，最終只會對結果大失所望。因為這只會使產品策略在最初面對現實世界時就一敗塗地。

我們會遭遇一些難題和阻礙，雖然每個產品開發團隊會處理，並自行做出多數相關決策，但在許多情況下，他們需要你幫忙排除阻撓和障礙，或是提供協助：

- 當團隊發現在規畫過程中忽略了某項依存關係，現在必須仰賴其他團隊幫忙，卻發現該團隊正為實現自己的目標忙得不可開交。
- 在產品探索過程中，團隊發現有必要用到他們還無法掌握的科技，所以必須快速獲得該科技和學習相關知識。
- 發生了重大的顧客相關問題，組織手忙腳亂設想著安撫顧客的最佳方法，然而團隊仍必須在團隊目標上有所進展。

- 資深的利害關係人提出重大關切，對團隊的關鍵目標帶來衝擊，所以團隊必須盡快做成相關決策。

期望各位對問題已有了一些概念。上述這些都不是罕見的狀況，然而，除非領導者積極投入識別、追蹤和排解這類障礙，否則團隊將難以推進工作。

產品領導者的主要資訊來源是，他與產品經理每週例行的一對一教練。當然，你應告知產品經理，如果有緊急事態發生要立刻與你商議，不要等到下次一對一教練時再提出。

你要聆聽他陳述問題或阻礙，並以最佳方式教練處理方法。在某些情況下，你有必要找關鍵的利害關係人商談，或是額外增加工程師，或是敦請另一個團隊幫忙解決問題等。

請不要把這個方法和指揮與控制模式的管理法混淆，不是要你接管並指示團隊該做什麼，你是回應他們的請求並提供協助。對此，更準確的說法就是僕人式領導。

在公司的種種緊急狀況和干擾之中，我們常會發現一個季度已經過了一半，而自己團隊的目標卻沒有多少進展。因此，每週追蹤進度和教練團隊成員是很重要的事。

管理者理應確保團隊日進有功，以及確實持續學習和發現洞見、識別重大議題，並將所學與你分享，以利你彙集種種洞見與學習成果，傳遞給其他相關團隊。

教練和管理並不是大相逕庭的職責，二者實為一體兩面。我要重申，對團隊賦權並不是要減少管理，而是需要更良好的管理。

第52章

領導者側寫：馬珊琳（Shan-Lyn Ma）

領導力之路

我和馬珊琳初識於 2009 年，那時她是紐約市快速成長的吉爾特集團（Gilt Groupe）唯一的產品經理。潛力顯而易見。

馬珊琳最初研習行銷和經濟學，在史丹佛大學取得企業管理碩士學位後，加入雅虎公司任職多年，然後毅然嘗試投入新創公司。

她在吉爾特集團花了四年時間組建產品開發團隊，並著手籌備自己的新創線上婚禮策畫與禮品公司 Zola。如今 Zola 公司的業績接連七年成長，他們提供的服務深受各地訂婚伴侶喜愛。此外，Zola 是紐約最被看好、上班族最想加入正處於成長階段的公司之一。

行動領導力

以下引述馬珊琳本人的說法：

我最享受的事，莫過於打造世人前所未見的產品，使他們驚嘆「過去沒有這東西的時候，我們是怎麼活過來的？」我們的產品能帶給大家真正的喜悅，是我想永遠從事的工作。

當我與共同創辦人中口信（Nobu Nakaguchi）決定創立 Zola 公司時，我們不只想幫助伴侶完成婚禮，同時也對理想的公司型態許下願景。

當我在前公司領導產品開發團隊時，公司領導人的回饋意見指出，我不是優秀的領導者，原因是工程師太過喜愛我。那位領導人說，假如我有善盡職責，工程師應當會不斷抱怨我對他們施壓。

有一陣子，我曾試圖改變領導方式，然而很快我了解到，這樣會損害協作關係、破壞彼此互信，而且可能會使我們喪失所仰賴的創新能力。我和中口都確信，創新能力源於，互信的工作環境中獲得賦權的強效團隊。我們也深信能給予員工一個受到尊重和珍視的環境，有助於提供訂婚的伴侶們期望且應得的體驗。

許多公司創辦人具有相同想法，而我們更願意為此賭上一切。我們明白，Zola 公司想成功，不但產品和顧客體驗必須推陳出新，同時理當要有別開生面的商業模式和公司建構與營運方式。

在我們的廚房裡，你會發現一個「不要當個混蛋」的標誌。你也會看到其他「拒絕指手畫腳」、「摒棄政治操作和遊戲人間」的符號。我們知道，鼓勵不同觀點能使創新欣欣向榮，因此我們一直尋求，公司全體開放式角色達到多元異質的目標。

我們當然需要技能、性別、價值取向、教育背景、解決問題方法多樣化的人才。這不但能促進創新，也有助於提供各有所需的顧客（訂婚伴侶）想要的服務。

我們也力圖建立注重協作和速度的公司文化。儘管違反直覺，我們發現，趁早協作能更迅速促成好結果。在做重大決策之前，我們會先徵詢公司其他成員並考慮他們的看法。我們也重視盡可能明快地當面提出好點子給顧客，因為我們知道這是實質學習真正發生的時刻。

　　我曾在多年前遭遇嚴重車禍，當年的經歷深刻影響了我。我學會當下要更積極生活。

　　身為快速成長公司的執行長並不輕鬆，對我的各項要求很嚴格而且不斷增加，但我每天都做著自己熱愛的工作，而且同事都是我喜愛的人。我很感激能這樣日復一日地生活和工作。

第**7**篇

團隊目標

策略脈絡

公司使命 / 目標 / 計分卡

產品願景與各項原則

團隊拓樸結構

產品策略

產品開發團隊

探索
/
交付

探索
/
交付

探索
/
交付

多年來我一直推薦 OKRs 管理方法，然而眾所周知，多數嘗試過這方法的公司，得到的結果令人失望。我觀察到這主要出於三大基本原因：

功能開發團隊 vs. 產品開發團隊

首先，如果一家公司不幸地持續採用功能開發團隊，那麼 OKRs 不能與公司文化相互契合，注定結果只會徒勞無功。對於採行產品開發團隊的公司來說，OKRs 是對團隊賦權的首要根本方法。

賦權的主要概念是，給予產品開發團隊實質的待解問題，以及解決問題所需的空間。這是使一般人得以創造非凡產品的核心方法。

許多公司與這套方法格格不入的原因在於，他們認為只要給予團隊目標就「做到了賦權」，並持續在解決方案上對團隊發號施令，而且總是提出功能開發路徑圖和專案形式，而且附上冀望的產品釋出期程。

管理者的目標 vs. 產品開發團隊的目標

第二個問題是，跨功能、獲得賦權團隊的目的在於協作來解決難題。但在許多公司，每個管理者，諸如工程、設計、產品管理階層的管理者，都有各自的組織目標，並且層層向下分派給部屬。

這或許合乎情理，而且不一定會給公司其他部門帶來問題。然而，這意味著那些部屬在實務上，都是為各自的目標而努力，不是為了團隊目標而協作。

更糟的是，許多公司還面臨額外的複雜性和人力資源稀釋，因為他們也想貫徹個人目標。因此，工程師不只要實現管理者指派的目標，還要為自身個人目標付出。

領導力的角色

最後一項原因是問題的根源，多數公司雖想從 OKRs 獲取價值，卻嚴重欠缺行動領導力。

他們認為 OKRs 就是分派給一組目標團隊，由他們著手實現這些目標，最後再於季度結束時檢視相關進度。他們也覺得，對團隊賦權（尤其是運用 OKRs）就是要減少管理。然而，正如書中一再強調，實際上我們需要的是更好的管理，而不是較少的管理。

眾所周知，多數成就斐然的頂尖科技產品公司採用 OKRs，或是使用從 OKRs 演變而來的其他方法，導致人們誤以為這兩件事情有因果關係。要知道，那些公司不是因為採行 OKRs 而成果非凡，他們實行這套方法是基於，設計宗旨在使獲得賦權的團隊發揮槓桿作用。

我也不斷闡明對團隊賦權，基本上是全然不同的建構和營運科技產品的組織模式。我們不能把出自截然不同文化的方法，套用在老式以功能開發團隊、路徑圖和消極管理為基礎的組織上，更別寄望這樣能行得通或帶來任何改變。想要從 OKRs 實質獲益，必須達到三個關鍵的先決條件：

1. 從功能開發團隊模式轉換成獲得賦權的產品開發團隊模式。
2. 捨棄管理者目標和個人目標，並且專注於團隊目標。
3. 領導者必須明快地善盡職責，促使產品策略化為具體行動。

本書前面大部分內容，都在談論第一個先決條件相關主題。至於第

二個先決條件，主要和教育息息相關，我們期望後面的章節能使各位明白其中道理。第三個先決條件則需要更多的討論，因此在接下來的系列章節會深入探討，領導力在團隊有效實現目標的過程裡扮演的角色。

首先，我們會具體討論如何經由團隊目標對團隊賦權。這是團隊目標最重要的效用，卻往往最不被人了解。團隊目標的最終要點是，執行產品策略，將策略轉變成行動。我們有必要探討如何以兼顧賦權和當責的方式，指派目標給團隊。

接著，討論領導者如何激勵團隊的雄心壯志，好管理各種風險。這裡必須留意的關鍵是，有時我們要在意的不是團隊有多大的抱負，而是偶爾必須做出高誠信承諾。我們會在後面進一步探討，如何許下和管理高誠信承諾。

人們常把團隊目標誤解為，特定問題只能由單一團隊來處理。實際上正好相反，多數的情況，是多個團隊協作才能完成卓越的工作。我們接下來也將討論多個重要的協作方式。

我們必須持續透過教練式領導和僕人式領導，積極管理棘手、以科技為基礎的開發工作，不能回歸到指揮與控制的管理方法，因為那樣會破壞賦權的效益。伴隨賦權而來的是當責，所以也有必要探討相關實務。

最後，我們會透過一些最重要的觀點來審視這些主題，闡明團隊目標的真正價值。

第 53 章

賦權

我們接下來要探討如何對團隊賦權和分派團隊目標。

團隊賦權有兩個基本要點：（一）給予他們待解問題而不是必須打造的功能項目，（二）確認他們已掌握必要的策略脈絡、了解如何做出好決策以及相關理由。

最重要的是要明白，團隊目標的用意在給予團隊空間，使他們能夠針對棘手且重要的問題形成解決方案。

這和典型的產品路徑圖截然不同。路徑圖提供團隊功能開發優先項目清單和專案，假如這些功能項目或專案無法解決深層的問題，團隊即使交付了被要求打造的事物，仍將失敗收場。

指派待解問題而不是功能開發項目

有些人相信這二者並沒有重大差異。他們認為，如果團隊必須打造應用程式，只要指示他們去做，不必提供商業脈絡和策略脈絡，應讓他們自己弄清楚有必要做什麼。

但我們在科技業學到的重要課題之一是：指派團隊目標的方法事關

重大。相關原因很多，但最緊要的是：

- 最密切處理問題且具備不可或缺技能的人（產品開發團隊），是決定最適切解決方案的最佳人選。
- 使團隊為了達成渴望的成果而當責不讓。
- 假如指派功能開發項目給團隊，那麼一旦團隊未能做出必要的結果，我們不能要求他們勇於當責。
- 如果分派待解難題給團隊，並且給予空間，讓他們以最適配的方法解決問題，團隊對於待解問題會更有責任感。
- 若團隊第一個解決方案沒能產生預期結果，他們知道自己必須繼續反覆試驗備選方案，直到找出可行的解決方案。

因此，團隊目標必須包含待解問題（必須解決的問題），以及若干評量進度的指標（關鍵結果）。我們接著來討論這兩個議題。

要留意的重點是：（一）專注於少數真正有意義的目標，（二）以商業成效而不是以產出或活動來衡量結果。

目標

特殊產品開發團隊當然會有特定目標，以下是一些典型團隊的適合目標：

- 減少包裹寄送到錯誤地點的頻率。
- 提高隔日送達的百分比。

- 縮減圖像被標記為不當的百分率。
- 降減訂戶流失率。
- 證明現行產品在新興市場的「產品／市場適配」（product/market fit）。
- 縮短求職者找到新工作所需時間。
- 節省工作完成所需作業成本。
- 壓低新客戶獲取成本。
- 提升客戶生命週期的價值。
- 減少顧客要求客服協助的百分比。
- 縮減處理客服電話所需時間。
- 增加新顧客成功開戶的百分率。
- 縮短用戶首份月度報告的產出時間。
- 縮減新服務或服務更新的部署時間。
- 改善網站可用性。

請記得，不要太拘泥於團隊目標的遣詞用字。當團隊弄清楚策略脈絡，並且有機會仔細檢視目標時，往往會發現，改變一些措辭、強調的重點或重新歸納一下，將更言之有理。

領導者與團隊之間你來我往討論這些議題，是正常且有益公司體質的事情。重要的是這些例子全都是待解問題，而不是功能開發項目。待解問題有的與顧客相關，有的是商業問題，但每個例子都有諸多潛在的解決方案。重點在於，產品開發團隊最適合來敲定最適切的解決方案。

請留意，上面列舉的全都是定性目標。至於定量目標則將在講述關

鍵結果時討論。

　　還有一件要緊的事：最重要的目標多半要求產品開發團隊與其他團隊或產品組織裡其他部門協作。協作是公司非常期待的好事，而實務上這仰賴團隊擁有一位對公司有深刻了解的產品經理。

關鍵結果

　　關鍵結果攸關我們如何定義成功。基本上，我們以商業成果而不是以產出或活動來定義成功。

　　團隊在目標上出錯的另一常見原因是，他們最終將可交付成果列為關鍵結果。我們希望你此刻已很清楚「產出」並不是重點。但以防萬一有人還不了解這點，還是必須清楚指出，交付成果卻解決不了深層問題的情況層出不窮。在這樣的情況下，會回到產品路徑圖模式的老問題。

　　大體來說，我們期望每項團隊目標有兩到四個關鍵結果。第一個關鍵結果通常是主要的評量指標。然後我們會有一個或更多有時稱為「護欄」（guardrail）或「擋網」（backstop）的關鍵結果，作為評量品質的指標，確保達到的主要關鍵結果不致不經意損害其他事物。舉例來說，假設我們的目標是：

- 減低包裹遞送到錯誤地點的頻率。

　　那麼主要的評量指標可能是實際的遞送錯誤百分率。然而，假如我們達成關鍵結果卻加重了接單到出貨過程的負擔，這樣可能在減少錯誤投遞的同時，也使得訂單出貨件數顯著縮減，或是大幅提高交貨成本，

因此並不是有益的解決方案。所以，我們可以用下列幾點來衡量潛在的關鍵結果：

- 降減遞送錯誤的百分比。
- 同時確保整體訂單出貨量持續增長。
- 同時確保交貨成本不會提高。

這裏要留意，關鍵結果涉及特定 KPIs，而我們還沒有那些理當來自團隊的數值和時限。原因在於，如果我們提供團隊包括時限等明確的評量成功指標，他們將不會具備獲得賦權團隊應有高承諾的責任感。因此，實際的定量數值必須來自團隊。

同樣重要的是，有時（尤其是處理全新的問題時）最適切的評量成功指標或是 KPIs 還不明確，在這種情況下，團隊可能需要時間來進一步確認動態，以及最適當的衡量指標。

前面提過，最佳團隊目標來自領導者和團隊之間你來我往的對話。當團隊探究和思考問題時，往往會發現較新、更好而且可能帶來不同關鍵結果的取徑，甚至調整過的目標。此外，領導者有責任確保他與團隊間持續不斷地對話。我們都不想要消極的團隊，如果團隊在落實目標和參與辯論上不夠積極投入，領導者必須明確詢問他們的想法和理由。

領導者還要確認團隊不會本末倒置。這意味著有時團隊會禁不住誘惑，以易於衡量而不是最有評量意義的指標來解讀關鍵結果。

分享策略脈絡

如果我們給予團隊解決問題的空間，就必須同時提供給他們做出好決策所需的脈絡。我們理應向團隊分享策略脈絡（尤其是產品願景和產品策略），這主要出於四大理由：

1. 團隊深刻了解最終目標和它的重要性。
2. 我們期望團隊成員憑真知灼見思考問題，並考量各自對解決關鍵問題能有什麼貢獻。
3. 我們寄望團隊思索接下來工作將涉及的事情。或許未來會有某些一時還難以看清的依存關係。或者有必要取得的某些科技或技能。
4. 我們樂見團隊在解決特定問題上展現興趣。我們無法持續滿足所有團隊對有志解決的問題的相關要求，但我們務必要提供他們嘗試解決問題的動機。

記住了這些原則之後，我們已準備就緒可以著手分派目標給特定的產品開發團隊。

第 54 章

分派團隊目標

牢記了團隊目標旨在激勵團隊成員之後，接著探討分派目標給產品開發團隊的機制。

指派目標給產品開發團隊

我們在此澄清，關於團隊目標的另一常見誤解是，領導者有責任決定哪個團隊負責解決哪些問題。許多公司誤認為應讓團隊提出自己的目標，卻又在團隊抱怨缺乏指引而且做不出成果時感到意外。

這很顯然是領導階層的疏失，而不是團隊的錯。更明白地說，分派目標給團隊的整個重點在於執行產品策略，而產品策略全然是關於決定各團隊應解決的問題。

分派團隊目標是由上而下和由下而上的並行過程，而且往往必須不斷修正改善。團隊目標也是產品策略和團隊拓樸結構作用的結果。換句話說，策略告訴我們必須解決哪些問題，而拓樸結構隱含著眾團隊各自最適宜處理什麼問題。

我們樂見產品開發團隊自願實現某項目標，我們也盡力滿足團隊的

需求，然而必須先講明，不是每次都能按照這方式做，因為我們必須確保所有團隊盡其所能致力於組織的全盤目標。

所以，即使某個團隊期望落實特定目標，最終還是取決於領導者。這無關權力或控制，純粹是領導者職責所在。畢竟要有人從整體的觀點來看待所有團隊和全面的目標。

判定關鍵結果

團隊獲指派目標後，首先要做的是斟酌最恰當的關鍵結果，團隊成員還要思量自己能做出什麼成果。如果團隊負責過相同領域的待解問題，他們可能已經有了合理的領悟。

然而，假如團隊是第一次處理這類問題，他們或許需要一些時間學習、著手蒐集資料來建立績效評量基準和找出各種可能性。這種情況下，我們要鼓勵團隊積極投入，不要只顧分析而不見行動，還要使他們認清，隨著工作進展，他們會學到更多，而且首季的信心水準難免低落，因為他們還在學習掌握未知的領域。

團隊也將需要領導者的指引，好明瞭在尋求解決方案的過程中，如何在雄心勃勃或小心謹慎之間拿捏分寸。我們會在下一章進一步探討這個主題，目前只須明白，領導者引領團隊在設想解決方案上做得恰到好處，是至關緊要的事。

假設團隊被指派了兩個目標，而且管理階層認為他們計畫達成的結果，不足以在年限內產生必要的商業成效，這時該怎麼辦？

在這樣的情況下，領導者可以允許團隊只實現一項目標，或是指示另一個團隊與該團隊協作來達成另一目標。重要的是，如果領導者想讓

團隊對結果負責，那麼關鍵結果必須來自團隊。

適配

領導者與眾團隊決定了團隊各自的目標後，必須確認各團隊與更廣大的組織保持一致。例如，假設我們正致力在市場上提供重大新產品來滿足新形態顧客的需求。

那麼，我們必須確保平台開發團隊任何必要的投入，適配顧客體驗團隊所需的支援。同樣地，我們也有必要確認銷售和行銷人員的努力也恰當地維持一致。如果銷售與行銷團隊各自尋求著不同的市場，或是沒準備進軍新市場，那就牴觸了適配原則。

維持業務正常運行的工作

包括領導者和團隊成員的所有人都應記得，達成團隊目標並不是團隊唯一的工作。或許是團隊最重要的任務，但團隊也有一些所謂的「維持業務正常運行的工作」，這可能涉及修正關鍵錯誤、回應顧客的問題、支援其他團隊、技術債相關工作等。

隨著時間推移，團隊會進一步了解這些日常工作的代價。在某些情況下，這類日復一日的工作可能會使團隊精疲力盡，這時領導者有必要擴大團隊規模，或是設法為團隊減少這類日常負擔。

我們會在下一章探討團隊目標最重要的面向之一，也就是團隊在尋求解決方案上應如何拿捏積極進取的程度。

深入閱讀｜長程目標

我們得了解一件重要的事，只要擁有奠基於專注和洞見的強效產品策略，而且團隊致力於解決重大問題，即使問題非常棘手，一旦解決了就能產生有意義的影響。但是在很多情況下，這需要數個季度的時間。

這往往會帶來工作上的困惑。此時首要的是分辨清楚長程目標和長程關鍵結果的差別。

跨越數個季度的目標一點也不反常，也不會構成問題。最好的例子是轉移平台（往往需時一到三年），或是降低顧客流失率、確立產品／市場適配等重大挑戰。

至於關鍵結果方面會變得較為棘手。如果只把某些任務列為關鍵結果（例如在季末寫好程式），將會容易些。然而，這只是產出而不是成果，不是我們想要的。重點在於展現結果。

我們一般偏好的方式是，把工作拆分出數個中間結果。舉例來說，假設目標是獲取六個參考客戶來確認產品／市場適配，這不但是強有力的商業結果，也可作為未來銷售上最佳的領先指標之一。

問題在於，我們可能需要兩到三季的時間來完成產品部署、讓客戶上手以及使他們具有參考價值。那麼，我們在首季如何確認工作是否有實質進展？

或許我們可以在首季先獲取兩個參考客戶。假如行不通的話，

我們可以找出一個領先指標。例如，促成八個潛在客戶簽署不具法律約束力的購買意向書 ❶，這不失為良好的關鍵結果。

很顯然，這比不上客戶實際購買產品，但卻是個強效的領先指標，而且具有實質的商業意義。

---

❶ 我在《矽谷最夯．產品專案管理全書》「第 53 章：質化的價值測試技術」裡講述過相關技巧。

第 55 章

雄心壯志

分派目標給各團隊之後,我們還要提供各團隊不可或缺的脈絡。

領導者要求團隊解決問題,最要緊的是使他們明白,在尋求解決方案上應展現何等雄心層次(level of ambition)。團隊應專注於低風險但低回報的「十拿九穩的事情」嗎?還是當致力於追求更重大、更引人注目的進展?

有個思考團隊目標的有益方式,那就是把團隊目標想成領導者壓了一系列賭注。其中有些風險較低,有些風險極高,有些則介於二者之間。領導者主要壓注人,同時也對新的賦能科技、變動不居的市場形勢與顧客行為,以及對產品策略背後的真知灼見下注。

如果某件事情具有足夠的份量,領導者可能指派多個團隊以各自的方式攻城掠地,有些團隊專打低風險、容易贏的仗,而其他團隊可能投身更需要雄才大略但風險也更高的戰場。重要的是,不要把雄心層次和努力的程度或是急迫感相互混淆。

工作倫理和急迫感多半是公司文化發揮作用的結果(很可能公司的現金也是原因),但我們在此不討論這些議題。

尋求低風險低回報解決方案的團隊，和追求高風險高回報解決方案的團隊，各自測試的產品創意發想迥然不同。二者產品探索工作的本質也大相逕庭，所運用的方法也可能南轅北轍。

我們還要注重雄心層次與高誠信承諾（我們將在下一章討論這個主題）的差別。雄心層次和高誠信承諾雖然有關聯，但承諾本身是一個特殊且具有關鍵重要性的概念。

實際上，我們應該著重的是風險管理。面對非常棘手又有關鍵重要性的問題（例如顧客流失率過高導致生意難以為繼），經驗老到的領導者會設法從各種不同的角度應對，當然也會面臨各式的風險。他們可能指派數個團隊尋求較不重要的結果，但擔心這樣還不夠，所以也讓一些團隊追求更具雄心壯志的解決方案。

有些人喜愛把雄心層次稱為登頂計畫（roof shot）或登月計畫（moon shot）。 登頂計畫是指，團隊被要求保守謹慎、只尋求低風險而且幾乎萬無一失的結果，例如完成優化工作。

另一方面，登月計畫意味著團隊被要求展現鴻圖大志，比如要達成十倍進步。這預料會有高度風險，但公司相信希望會成真，團隊也認真力圖圓夢。登月計畫的重點在於，激勵團隊超脫謹小慎微的格局，並且修正現行的解決問題方法以期突破現狀。

有些公司偏好為團隊目標增添可信度，比如說「80％可望達成登頂計畫 vs.20％有望實現登月計畫」。在向團隊傳達公司期許的雄心層次時，要運用技巧來發揮效用。但是也要了解，就管理風險組合來說，我們理當容許介於登頂計畫和登月計畫之間的雄心層次。

請各位想像一下，拉斯維加斯專業撲克牌玩家如果被限制不能依賴

局形勢下不同額度的賭注，只能壓注一美元或是一萬美元，那麼專業賭徒必然難以施展身手。

我想說的是，領導者管理潛在風險與報酬組合，所以他們麾下可能有特定團隊比其他團隊更具雄心壯志。

不論你的關鍵結果和哪種雄心層次有關聯，都要確實跟團隊說明清楚。我們不希望任何人把沒有極高可信度的結果，妄加臆測為極可信的結果。

第 56 章

承諾

多數目標的用意在於激勵人們的抱負，畢竟我們不確定哪些目標可以達成，以及能夠落實到什麼程度。因此，要使團隊的雄心層次具有變化的彈性，而且在特定情況下，我們必須要求團隊做出所謂的高誠信承諾。

高誠信承諾

接著我要說的話可能大家不愛聽，但如果你還沒摸透商業產品世界，現在是該進入狀況的時候了：**做任何生意總是偶爾會有一些必須在特定期限內交付的重要事物。**

這有可能是辦好產業的重要商展，或是履行夥伴合約，或是繳稅，或是給予員工假期，或是在期限內做好廣告活動。

我們要了解，領導者往往會被指揮與控制的管理模式吸引，主要原因之一是，他們想知道重要的事情會在什麼時候發生。這在採用老派功能開發路徑圖和專案的公司尤其如此。

因此，對團隊賦權的一個關鍵條件是，團隊在必要時要有能力提出

期程和交付成果。不是舊時代路徑圖那種不可靠的時程規畫，而是領導者可以打包票的期程。

慣用傳統敏捷開發流程的人或許明白，提出高誠信的期程承諾不是不可能，卻也困難重重。你如果習於產品探索和產品交付平行推展的模式，理當知道只要公司願意等到必要的探索工作完成，做出高誠信期程承諾是易如反掌的事。

假如一家公司的期程承諾不計其數，意味著他們有嚴重的問題。不過，我也試著向團隊解釋，做生意總有必要提出一些高誠信承諾。即使沒有對外的承諾，有時團隊難免要依靠公司內部其他團隊，例如仰賴平台開發團隊的新能力。這時平台開發團隊除了維持業務正常運行的工作之外，偶爾會被要求完成一些更重大的事情，而我們會把這個視為履行高誠信承諾。

請記得，產品開發團隊的工作，不全是 OKRs，也不是所有的依存關係都需要高誠信承諾。多數的依存關係並不需要高誠信承諾。高誠信承諾如果不是重大的對外承諾，就是非常重要且實質的內部承諾。

可交付成果

在團隊做出高誠信承諾的情況下，我們對於團隊能否依承諾交付成果有必要抱持高度信心。不過領導者理當仔細檢視團隊提出的高誠信承諾。這一般涉及確保團隊做足產品探索工作，判定解決方案是否兼具價值、易用性、實行性和商業可行性。

此外，這通常還關係到迅速創造原型，例如製作用以測試實行性的原型，確保工程師了解產生可交付成果是他們的要務。

團隊一旦確定已充分掌握解決方案，就能信心十足地估計履行承諾（確立實行性）所需時間，和評估解決方案能否為顧客創造價值、是否易於使用，以及對公司來說是否具有商業可行性。

在顧客體驗團隊依靠平台開發團隊來履行承諾的情況下，平台開發團隊可能必須提供應用程式介面或新服務，讓顧客體驗團隊打造用戶體驗，這時平台開發團隊可以繼承顧客體驗團隊的 OKRs。

最重要的是，對於高誠信承諾，務必要記錄並追蹤實際的可交付成果，而且高誠信承諾與關鍵結果無關。

追蹤高誠信承諾

我們應當特別看待高誠信承諾，這裡指的不是拿捏團隊應有多大的雄心壯志。團隊能否兌現承諾是非黑即白的事情。做出高誠信承諾的團隊絕對要言出必行，而且在出現困難跡象時必定要及早尋求支援。

我們更要確切追蹤團隊履行承諾的進度。在某些公司，做出高誠信承諾必須徵得科技長親自許可，因為這攸關他個人的聲譽。

我在書中多次強調，信任是獲得賦權的產品開發團隊運作的基礎，而履行高誠信承諾是團隊與領導階層建立互信的重要方式。所以，被要求提出高誠信的期程承諾時，最基本要務是確認你們能夠兌現承諾。

最後還要留意：高誠信承諾和可交付成果只能偶爾為之，不可成為常態。否則你會像站在滑坡上，轉瞬間目標會變成只是一份可交付成果和期程的清單，而這只比重新編排的路徑圖好一些。

第 *57* 章

協作

協作有多種基本形式，而在產品組織努力優化團隊賦權時，這往往會混淆不清。我們要仔細檢視兩種特定的協作：分擔目標模式和共同目標模式。

分擔目標

首先，最基本的協作形式是多個團隊分攤相同的團隊目標。就重大的目標來說，這是習以為常的做法。大型公司處理重大、需要多個團隊合作的問題時常採這種方式。

最直截了當的案例是，在平台開發團隊需要賦能一或多項新服務給顧客體驗團隊的情況下，兩團隊分擔相同的團隊目標。團隊通常以應用程式介面的形式建立簡單契約，然後各自推進工作，最後再於測試和交付過程協作。

另一種分擔團隊目標的協作形式是，多個團隊的人才暫時結合以解決特定難題，尤其是必須借助多種不同技能的問題。這些凝聚起來的團隊往往能提供所需的知識和綜效（synergy），快速形成有效解決方案。

在特定情況下，各團隊有必要同地協作數日或數週，也就是所謂的群集（swarm）。這是團隊面對特定挑戰一同深入探索和交付的密集式高度協作技巧。

共同目標

另一種協作形式是，多個團隊被要求以各自的方法實現相同的目標。

這麼做的實際理由在於管理風險。當具備了奠基於專注和洞見的堅實產品策略後，我們理當著手執行策略，而有時這會涉及解決某些非常棘手的難題。如果問題特別難解，很難確知哪種方法能夠產生必要的結果。

在這種情況下，我們可以要求多個團隊來解決相同的問題，並寄望其中至少有一個團隊能帶來必要的影響。當然，最好所有團隊都發揮重大作用，雖然這是極不易發生的事。舉例來說，降減訂戶流失率當然有許多處理方法，而讓多個團隊從不同的角度切入問題，往往能有效地減輕風險。❶

在此情況中，各團隊有必要相互溝通以確保彼此的工作不致扞格不入。不過，各團隊通常有各自的獨特觀點和視角，以及各自掌握的程式碼和技術，因此，他們多半是獨立運用各自的方法尋求逐步解決問題。

這往往會面臨一個難題，如何確認進展出自哪個特定團隊？我們將在第 59 章講述兩種常用的辨識方法。

---

❶ 我時常鼓勵團隊以多種不同方法解決棘手的重大難題。產品探索教練泰瑞莎‧托雷斯發明的「機會與解決方案樹狀圖」（Opportunity Solution Trees），對於辨認和評價多元的重大難題解決方法助益良多。

讓多個團隊同時尋求實現相同目標是常見、通常也較明智的做法。基於獨立自主性或溝通問題而避開分擔目標或共同目標模式的公司，往往因此限制了自身解決棘手重大問題的能力。

第 58 章

管理

我們繼續探討團隊目標系列主題。在團隊擁有目標之後，依然有必要積極管理。就像產品策略需要領導者持續不斷的追蹤和管理，團隊目標有賴於團隊堅持不懈的追蹤和管理。

維持業務正常運行的工作

請記得，落實團隊目標並不是產品開發團隊負責的唯一工作。團隊也必須完成那些維持業務正常運行的工作，因為如果不做好這類工作，團隊在實現目標上將難以獲得長足的進展。

每週追蹤進度

關鍵在於確保團隊目標獲得積極管理，否則很可能時光飛逝卻不見實質進展。團隊至少要在每週回報工作進度時，討論現階段結果、接下來要做的事，以及哪些地方可能需要援助。每週的團隊目標進度回報，是團隊追蹤與管理工作進展的主要機制。

團隊可在例行會議或每週一次的站立會議時檢視工作進度。偶爾，團隊會需要領導者出面協調解決某些衝突或問題。

切莫偏離正軌

處理問題時理應注意兩個要點：（一）產品經理有必要和管理者溝通重大議題，使管理者有機會提供協助。（二）團隊每個成員都應獲得發展所需的持續教練，這非常重要。然後團隊成員的教練也理當顧及實現團隊目標。

對於經驗不足的團隊，管理者有必要積極教練，以確保他們在落實團隊目標上日進有功。如果團隊需要管理階層的協助，應當迅速提出需求，這樣管理者才能有更好的機會及時且有效地出手相助。

團隊在履行高誠信承諾上遭遇困難時，也有義務盡早向管理者提出警訊。同樣地，如果團隊具有依存關係（例如仰賴其他團隊），那麼這層關係也應相互審慎地追蹤和管理。

如果一個團隊受其他團隊倚賴，不論這是因為此團隊提出高誠信承諾，或是出自於維持業務正常運作所需，該團隊理當確保其他團隊仰仗的工作及時完成。

幫助同僚

儘管想對團隊賦權必須優化產品團隊，但是還有另一件重要的事，團隊理應認清他們也有必要幫助其他團隊的同事。而且，他們本身很可能也會在某些情況下需要其他團隊同僚的支援。

最傑出的團隊深明，不可能所有科技產品公司都高奏凱歌，但也不

至於全軍覆沒。而且領導者常發現，在某種情況下必須做一些不符團隊
最佳利益、卻對顧客和更廣大的組織最有利的事。

第59章

當責不讓

伴隨賦權而來的是勇於當責。

產品開發團隊被賦予時間和空間，但必須針對受指派的待解難題提出解決方案，而賦權同時也要求他們負責和當責。那麼，當團隊無法實現一項或更多團隊目標時，會發生什麼事情？

首先我們要謹記，當責不讓和雄心壯志有直接的關聯。如果團隊被要求應雄心勃勃（例如實現登月計畫），但最終未能帶來渴求的成果，大體來說，這是預料之中的事情。假如團隊獲指示要守成保業（比如落實登頂計畫），或被要求做出高誠信承諾，那麼團隊一旦鎩羽而歸，理應勇於當責。

每個產品開發團隊和整個組織必須不斷成長和進步，而當責提供了絕佳的學習機會。如果團隊在實現目標上遭逢重大挫敗，我會鼓勵他們以對待系統故障（outage）的方式來面對失敗。

我也會把團隊聚集起來，並且找來一些受到他們失敗影響的同僚，一起討論挫敗的根本原因，並要求他們探索應當怎麼做好促成不同的結果。如果他們在最初出現難以達標的跡象時，立即向管理階層反映，或

許就能獲得協助？或者依託他們的團隊可另作安排、甚至於提供支援？

　　請注意，團隊管理者也能從這些檢討學習到一些課題。我們是否忽略了什麼跡象？能及早提供相關的教練嗎？管理階層是否沒有留意該關切的問題？

　　這類事後檢討固然令人難過，但通常很有建設性而且有所助益。對同僚坦承失敗難免會尷尬，然而我們將獲得持續學習和成長所需的回饋意見。

深入閱讀｜認定關鍵結果歸屬

　　讓多個團隊解決同一個問題，以及／或是分享一或多種衡量成功的指標，是司空見慣的做法。事實上，這個策略可以產生強大效益。

　　你可能會納悶，如果每天都有許多事情出現變化，但我們無法知道各團隊究竟帶來了什麼有用或有害的改變，或是毫無作為。那麼我們如何要求團隊對結果勇於當責？

　　這就是所謂的產品歸屬問題（product attribution problem）。大體來說，有兩種常用的解答方法。

　　第一個方法是進行 A ／ B 測試，而這取決於強勁的流量水準（level of traffic）。此法可幫我們從各團隊或整個公司持續促成的各項改變中，分辨出個別團隊的貢獻。

第二個方法是切片法（slicing）❶，這涉及依據管道或來源來區分各種和關鍵結果有關的貢獻。假設一家專攻就業市場的公司有三個不同的產品開發團隊，而且全都致力於擴增求職申請件數。那麼我們可依不同管道來區別各項求職案：

- 行動裝置團隊：行動裝置即時通知觸發的求職申請
- 搜尋團隊：搜尋結果帶來的求職申請
- 推薦團隊：推薦促成的求職申請

就概念來說，切片法比 A ／ B 測試法簡單明瞭，目標定義也較狹隘、直接落在團隊影響範圍內，而團隊往往喜愛這種可控制目標的感覺。然而，切片法通常不像 A ／ B 測試法那樣嚴謹又有預測效能。比如說，一位求職者往往會運用一個以上的管道。

切片法也不總是能派上用場，因為有時會有多種不同因素同時作用，例如會有許多成因影響訂戶流失率。另一方面，A ／ B 測試法仰賴足夠的流量，在合理的時間內產生可靠的結果。

---

❶ 這是我的友人暨 OKR 教練菲利普・卡斯楚（Felipe Castro）創造的名詞。

第60章

正確看待目標

我們需要方法來管理團隊和分派目標,而且理當用賦權與足以推行產品策略的方式來履行這項職責。這就是團隊目標的宗旨。假設你採行了團隊賦權模式,而且擁有強效的領導者,以下是使團隊目標獲得成效的十個最重要關鍵:

1. 首要是以指派待解難題、給予團隊解決問題空間的方式對團隊賦權。而且必須向團隊分享策略脈絡(尤其是產品策略),使團隊能夠做出好決策。

2. 我們樂見團隊自願落實特定目標,而且在他們的動機和熱誠可能發揮槓桿作用的情況下,盡力配合他們,然而我們無法每次都這麼做,因為我們必須全面照應所負責的一切事物。

3. 產品領導者的明確職責是選定目標,以及最終決定各目標應由哪個或哪些團隊來落實,但是關鍵結果必須由團隊提出。

4. 反覆推敲是正常的情況。我並不是指領導者懷疑或質問團隊提出的關鍵結果,而是說指導者要判斷值得嘗試哪些投資和承擔相關

風險。如果團隊確信在同時肩負多個目標的情況下，他們對特定重大關鍵績效指標只會有微不足道的貢獻，那麼領導者可能有必要考慮讓團隊專注於單一重大目標，或是要求其他團隊支援。

5. 指派多個團隊以各自的觀點和技能去實現同一目標並無不妥。事實上，這往往是解決棘手產品問題非常有效的方法。對於艱難的問題，我們預料各團隊進展程度不相同，而且也難以預測他們深入產品探索工作後將學到什麼。

6. 同樣地，要求多個團隊就同一目標協作也沒有任何不妥。我們時常指示多個團隊通力合作，尤其是在解決某個需要不同技能組合的難題時。

7. 團隊要產生關鍵結果，基本上須了解領導者期許他們具有何種雄心層次。領導者理當向團隊明白指出，何時應雄心勃勃，何時當守成保業，何時有必要做出高誠信承諾。

8. 團隊唯有在以下情況才對結果當責：他們被賦權提出有效的解決方案，而且關鍵結果源自團隊。

9. 產品領導者了解，落實團隊目標事關重大，但並不是團隊的唯一工作。因為團隊也要處理一些維持業務正常運行的事情，包括修正重大程式錯誤、因應顧客面臨的狀況等。

10. 公司通常每季設定或更新團隊目標。這會給予團隊足夠的時間來做出實質進展，然而一季的時間仍不足以讓公司調適各種變化。在某些偶發的情況下，團隊目標必須在季度內做出調整，但這只能偶爾為之，不可成為常態。

見多識廣的領導者要向團隊闡明策略脈絡、團隊必須解決的問題、衡量成功的方法，使他們能夠正確看待上述的要點。至於你是否運用OKRs這類正式的方法，並不是那麼要緊的事。關鍵在於，領導者要提供團隊不可或缺的教練，並給予他們空間好運用最佳方法解決問題。

第61章

領導者側寫：克麗絲汀娜・渥德科（Christina Wodtke）

領導力之路

我於 2003 年結識渥德科，那時她在草創時期的雅虎公司帶領設計團隊。她曾於藝術學院研習攝影，並先後和多個早期的網際網路團隊共事、學習產品設計。然後，她又陸續在領英、MySpace 和 Zynga 擔任過產品和設計領導者。

不論在哪裡任職，她總是致力於教練和促進團隊成員發展，還因而遠近馳名。所以，當她進入史丹佛大學教授人機互動和產品設計時，我深覺她發現了真正的使命。

渥德科出版多部著作，主要論述團隊賦權相關主題，其中包括一本 OKR 專著《激進的焦點》（*Radical Focus*），以及一部探討領導力和團隊賦權的書籍《自我管理的團隊》（*The Team That Managed Itself*）。

因此，我認為我們兩人志趣相投。

行動領導力

渥德科非常幸運，直接師從多位非凡領導者學習產品和設計。她從他們身上見識了團隊賦權的實質力量。以下是她親口講述的個人故事：

我於 2022 年加入雅虎，當時網際網路方興未艾，而雅虎那時正快速成長且影響深遠。我是雅虎研發團隊的首位設計師，而且很榮幸能與曲愛玲（Irene Au，音譯）共事。

曲愛玲曾任網景產品設計師，後來加入雅虎和谷歌為他們創建設計團隊。即使我沒有管理科技產品公司的相關資歷（在忍飢挨餓的藝術家時期，我曾擔任過餐廳經理），她仍相信我具有潛力，教導並給予我首份直接的個人評估報告。

看著她對部屬賦權和促進他們的成長，使我受益匪淺。她是我需要的角色典範：能力強大且總是和藹可親。我從她學習到，同理心和權威可以並行不悖。

不久後，我遇到另一位在我職涯裡扮演重要角色、對我影響深遠的人。也就是雅虎搜尋事業部門主管傑夫・韋納（Jeff Weiner）。他後來轉到領英公司發展（當時我剛好在那裡擔任產品經理）並曾榮任領英執行長近十二年。

韋納是第一位鼓勵我承擔領導角色的人，他要我接掌至少二十人組成的搜尋設計團隊，於是一夕之間，我管理的部屬遠多於過去加總的人數。我確實有過疑慮。我已習於只有兩人向我報告工作的安適感，雖然新職位可能使我發展成為真正的領導者，但我不確定能否得償所願。

我永遠難忘那個時刻。當時我們坐在咖啡館，我告訴韋納，他最好試著另覓人選，而他說「我知道妳能勝任」。他對我有無比的信心，因此我理當要有自信。

在雅虎（尤其是搜尋事業）迅速成長期間，我很快發現自己不但具備管理能力，更負責統領一個大型的經理群。那個團體有九位經理管理總計八十名成員，而這九位經理都向我彙報工作進度。

我了解自己有必要停下產品設計工作，著手規畫一個可促成良好設計的工作環境。我必須建構有能力自我管理的團隊。

由於手下龐大團體成員擁有廣泛的設計技能，很顯然我無法對所有技能如數家珍，即使我辦得到，也沒有時間做得面面俱到。因此，唯有建立可信任與仰仗的團隊，才能成功履行職責而不致廢寢忘食。

在我和轄下經理首次會談時，有人問我該如何處理某個問題，我已忘記是什麼問題，但記得我當時反問他應當怎麼做。他提出了建議，然後我說：「很好，就這麼辦。」這時掌有權力的人從我轉變成了我們。此後，任何人都可以在會議上提出問題，然後我們整個團隊會一同致力來尋求解答。

從那時起，我不斷盡力把一群又一群的個人組成團隊。因為團隊可以促成個人無法創造的奇蹟。

最後，還有一個人在雅虎改變了我對團隊的想法，那就是肯・諾頓（Ken Norton）。他也為韋納效力，擔任雅虎產品管理工作。後來他在谷歌和谷歌創投的職涯也都非常成功。

在認識諾頓之前，我以為產品經理基本上就是專案經理，而且必須緊迫盯人使設計師善盡職責。然而，近距離觀察諾頓，我首次見識了真

正的產品管理。他為我立下標竿，使我明白了優秀團隊需要而且值得管理者為他們做什麼。他教導我，產品和設計始終應當相得益彰。但這要從團隊成員彼此尊重對方和各自的原則做起。我們唯有攜手並進，才能更上層樓。

我知道有許多設計師從未遇過強效產品經理，然而只要遇上了，他們對這個職位的看法將幡然改觀。

我非常感激曲愛玲、韋納和諾頓傳授給我領導技能，我的職涯從中獲益良多。最重要的是，我也對其他人的人生和職涯投注心力，期望把自己從他們身上所學的知識傳承下去。

第**8**篇

個案研究

　　這是鉅細靡遺的個案研究。因為我們需要大量的脈絡，實際了解一家公司與其產品組織各項決策的原由。如果你自信已確切掌握本書各項概念，尤其是團隊拓樸結構、產品策略和團隊目標，那麼你大可概略本篇內容。

　　然而，這是一個組織竭力應對快速成長、規模難題和技術債等挑戰的真實案例，其中細節值得你費心了解，因為你將明白如何把各項重要又嚴格的概念應用於實務。

　　從這個詳盡的個案研究，你也將看清，一家由平凡人組成的公司照樣能造就非凡的成果。

我選擇這家處於成長階段、應付著諸多挑戰的公司，是因為他們在同類型的就業市場相關公司裡具有代表性。該公司也具備商務企業，以及新創公司的一些要素。所以我認為這項個案研究可供多數公司參考。

　　我偏好這家公司也是因為，一方面他們與徵才的企業往來，另一方面和求職的顧客打交道，而且有內部平台來媒合雙方。無論如何，我有兩項重要告誡：

1. 本案例呈現的是該公司多年前特定時間點的狀況。他們當時的處境顯然受那時種種相關經歷影響，而我們在個案研究中只把那些視為已知事實。

2. 雖然這是真實案例，但我也自作主張，額外增添了一些複雜情況。儘管這些情況在那段特定期間並未發生，卻是業界常見的，而且後來也確實發生在該公司。我覺得這樣做有助於闡明實務上如何處理那些情況。

　　我並沒有揭露這家公司的真實名稱或足以辨識他們的資訊。因為個案研究必須分享所有好事、壞事和醜事，這樣才能真正發揮作用，然而多數公司不想讓人知道好事以外的事情（即使是那些後來都變得更好的事），這無可厚非。

　　選擇專攻就業市場的好處之一是，全世界有許多這類公司，而我曾合作過幾間。我發現，雖然每家公司都有獨特的情況，但他們最重要的動態並沒有那麼大的差異。

　　這使我自信能坦率說出真相，而不用擔心會使任何個人尷尬。你會

看到許多事情發生，而且情況可能一團混亂，但這單純只是反映現實景況。事實上，多數公司都是這樣（即使是傑出公司也不例外）。

最後，請不要把個案研究和任何理想的情況相提並論。雖然許多事情用其他方法來做可能結果更好，但個案研究的重點在於，呈現人們實際上做了什麼，以及這麼做的原因。

我們期望這個案例能讓你在面對類似問題時，心中明白要深思熟慮哪些事情，並清楚應具備哪些不可或缺的領導力。

第62章

公司背景

　　要領會這項個案研究，重要的是須深入了解這家公司的業務。他們從事典型的雙邊市場生意，一邊是徵才的雇主，一邊是求職者。

　　在雇主這方面，該公司主要向中小企業提供職缺公告服務。擁有人力資源部門的大型企業也開始對他們感興趣，但在當時，他們還沒設計出與這個市場適配的產品。

　　在求職者這方面，他們聚焦於積極找新職位的人（主要是專業的白領工作）。明確地說，他們的主要客群不是時薪工作者或臨時工。〔補充說明：以業務動態來說，我簡化了這部分。在就業市場，有積極求職者（當下急需工作的人）和消極求職者（觀望著更好的工作的人）。他們的需求有別，而了解和分辨個別需求有實質價值。〕

　　在我從事這項個案研究時，這家公司已成立五年，年營收近 4,500 萬美元，而且年成長率將近 30%。他們接近獲利，但當時力圖專注於追求成長。

　　該公司約有 230 位員工，其中 95 人在產品／工程部門，45 人從事銷售，17 人專攻行銷，33 人追求顧客成功，10 人負責資訊科技，30 人

處理總務和行政開支。

　　管理團隊方面，有執行長、財務長、銷售長和行銷長。當然還有產品長與科技長，我們會在後面詳談這兩位。

　　值得一提的是，該公司的規模大約相當於大型企業的業務單位。

第 63 章

公司各項目標

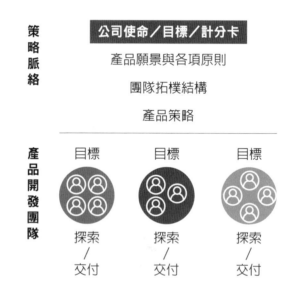

策略脈絡

公司使命／目標／計分卡

產品願景與各項原則

團隊拓樸結構

產品策略

產品開發團隊

目標

探索
／
交付

目標

探索
／
交付

目標

探索
／
交付

　　該公司董事會每年設定多組年度目標，這涉及方方面面的深思熟慮，以及管理團隊和董事會之間有關商業策略、競爭環境和投資規模等的辯論。董事會可以選擇增資等財政措施，或決定讓公司維持正現金流（可能付出成長方面的代價），或採取介於二者之間的做法。

當年該公司的整體目標是，持續成長和拓展核心業務。主要是協助企業填補職缺和幫求職者找到工作，以及促進強勁的成長率。

公司也認定，在尋求大企業客戶方面，有著大有可為的擴張機會，他們想要擴充產品和強化進入市場能力，向就業市場提供更好的服務。（補充說明：至少接連兩年有大企業洽詢該公司，那些大企業的人資部門員工，因為過去在前東家使用過就業市場相關公司的服務，所以相信這管道優於目前任職公司的解決方法。）

於是，他們決定加大投資、增設一個六人組成的產品開發團隊，以及增補十一名面向企業的銷售、行銷和追求顧客成功的人員。公司董事會指出，如果這個初步攻勢帶來好結果，預計公司明年會有更大規模的投資。

在此我要提醒大家，這些公司目標都來自高層主管團隊，而且獲得董事會支持和批准。

以下我們用 OKR 的形式來呈現這一切，這裏的重點是：（一）該公司專注於少數真正有意義的目標，而且（二）他們基於商業上的成效來衡量結果。

目標一：持續促進核心業務成長

- 關鍵結果 1：核心業務營收至少成長 25%。
- 關鍵結果 2：將企業客戶流失率從 6%降減到 5%甚至更低。
- 關鍵結果 3：把求職者就業成功率從 23%提升到至少 27%。

目標二：成為有口皆碑的大企業求才服務供應商

- 關鍵結果 1：開發至少六家大企業參考客戶以展現產品／市場適配

第 64 章

產品願景和各項原則

策略脈絡	公司使命 / 目標 / 計分卡
	產品願景與各項原則
	團隊拓樸結構
	產品策略

產品開發團隊：目標／探索／交付、目標／探索／交付、目標／探索／交付

這家公司擁有強效、啟發人心的產品願景和諸多原則，但我在此不向大家分享，這是顧慮到分享顯然會曝光該公司。

不過，我可以指出，這家公司的宗旨是協助求職者找到適才適所的最好工作，和幫助求才的雇主覓得職缺所需最佳人選。

該公司仰賴徵才的雇主們一再惠顧，當他們必須在公司短期利益和客戶長期利益之間權衡取捨時，我見到他們一貫地做出有利客戶的抉擇。

　　我屢次見證他們落實公司價值與原則，因此至少我個人確信他們對於價值和原則並非光說不練。

　　最重要的是，他們的產品管理、工程和設計領導者，以及產品開發團隊成員在尋求實現團隊目標的過程裡，心中始終秉持著產品願景、各項原則和產品策略。

第65章

團隊拓樸結構

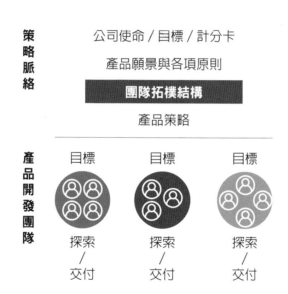

在當季開始時,該公司擁有16個產品開發團隊,總計有60個工程師、12名產品經理(你可能已留意到,他們有16個產品開發團隊,卻只有12名產品經理,後面我們會解釋這件事。)、10位產品設計師、2名用戶研究人員、3位資料分析師。

他們還有 2 名產品管理總監（各自負責雇主客戶和求職顧客相關產品），以及 1 名用戶體驗總監，而這三位都向產品長回報工作。他們另有 3 名工程總監（分別掌理雇主、求職者和平台相關工程），三人都向科技長彙報工作。

團隊拓樸結構概述

他們有分別面向雇主和求職者兩種不同型態的顧客體驗團隊。這個設計是為了與兩大客群適配，同時也把三分之一的資源投注於，顧客體驗團隊賴以打造用戶體驗的內部平台。

面向雇主的團隊	
● 雇主首頁	● 雇主聯繫
● 攬才工具	● 企業工具（新團隊）
● 超值服務	

面向求職者的團隊	
● 求職者首頁	● 求職申請
● 職缺搜尋	● 求職者聯繫
● 工作推薦	● 行動裝置應用程式

平台開發團隊		
● 分享服務	● 資料與回報	● 工具
● 支付與帳單	● 基礎設施	

面向雇主的組織

面向雇主的組織旨在，滿足求才的管理者和人資部門的需求。他們當時提供的服務是第一份徵人啟事免費，而登載更多職缺公告和使用精選職缺清單等超值服務，則收取相應費用。以下是該公司實際的團隊和各自負責的工作（明確地說，他們的「產品」就是就業市場，16 個產品開發團隊分別負責這個大型產品各組成部分。）：

- **雇主首頁團隊**：提供儀表板顯示求才雇主現有職缺公告、求職申請審查狀態，並且確保雇主貼出的徵人啟事在搜尋引擎優化（SEO）技術下的有機搜尋結果中能被看到。
- **攬才工具團隊**：使擁有人資部門的雇主具備多方面先進能力，包括上傳和管理大量職缺公告，以及管理求職申請、面試和錄用決策流程。攬才工具也協助雇主，搜尋就業市場具有特定屬性的求職者並主動洽詢他們，而不是被動等待他們來求職。
- **超值服務團隊**：提供雇主多元服務選項，幫助他們快速遞補職缺，或增加求職申請件數。這些服務包括在電子郵件附加職缺公告，以及收錄進精選職缺清單等。
- **雇主聯繫團隊**：管理公司與雇主客戶之間電郵、簡訊或即時通知等形式的聯繫，尤其是確認職缺現狀。這同時涉及業務（特定職缺的資訊）和行銷（鼓勵雇主使用更多求才服務）。這個團隊也負責線上招攬新的求才客戶。
- **企業工具團隊（新成立的團隊）**：隨著公司著手開發大企業客戶，

他們相信有必要具備多種面向企業的特有能力，例如大規模求職申請案追蹤系統（ATS）整合。這個團隊專注於確認如何滿足企業雇主的需求，並提供相應的工具。❶

面向求職者的組織

這組織專注於幫助求職者找到工作。

- **求職者首頁團隊**：提供網路和行動裝置原生應用程式（Native App）這兩方面的核心體驗給求職者，這包括儀表板呈現他們當下追蹤的職缺，以及推薦可能與他們適配的其他工作。
- **職缺搜尋團隊**：提供求職者依工作屬性搜尋就業市場職缺的服務。
- **工作推薦團隊**：根據求職者搜尋關鍵字和個人基本資料，產生推薦工作清單。
- **求職申請團隊**：蒐集已發布的特定職缺相關資訊，再結合相關的必要情報，以利求職者申請特定工作。
- **求職者聯繫團隊**：處理公司與求職者間包括電郵、簡訊和即時通知等形式的聯繫，這同時涉及業務（確認求職申請現狀）和行銷（鼓勵求職者找其他工作時再度惠顧）。此團隊也負責線上招攬

---

❶ 這個團隊最終有了專屬的全職產品行銷人員，他們肩負在開發參考客戶、思考進入市場策略和準備銷售賦能材料方面的重責大任。事實證明非常重要，而且對有特定目標客群的產品或新生意助益良多。第 9 章談到《讓人們愛上產品》一書中，對產品行銷扮演重要角色的多種局面深入探討，並清楚解說了這類情況下成功進入市場的不可或缺條件。

新的求職顧客。

- **行動裝置應用程式團隊**：提供求職者 iOS 和安卓系統行動裝置原生應用程式體驗。他們也和求職者首頁團隊密切合作，維持網路體驗和行動裝置體驗等量齊觀。❷

平台組織

平台組織的作用在於，協助各個雇主和求職者導向的團隊，以更有效益的方法服務各自負責的顧客。用戶體驗團隊借助可靠的平台，專注於為用戶和顧客創新價值，而且不必擔心較低層次的服務。

- **共享服務團隊**：當不同的團隊領悟到，彼此致力的工作可能有所重複，這時共享服務團隊必須提供，足以全面因應各團隊互異需求的單一解決方案。這包括用戶驗證、偏好管理等。共享服務團隊旨在，幫助雇主和求職者導向的團隊提升生產力。
- **支付與帳單團隊**：處理包括定期付款、折扣、促銷等所有涉及金融交易的事。這個規模雖小、但經驗老到的團隊解決大量複雜問題，而其他團隊不須了解這些複雜性就能受益使用相關服務。
- **資料與回報團隊**：該公司諸多業務，仰賴來自產品開發團隊與財政、行銷、銷售等部門和領導階層有關就業市場活動的報告，而這個負責彙整的團隊提供基本架構，好向雇主和求職者回報，並且使公司其他部門能透過自助服務進行回報。

---

❷ 這類工作很多公司大多有專責的行動裝置原生應用程式團隊負責，但因為那時少有工程師受過 iOS 和安卓系統原生應用程式開發相關訓練，所以這項工作大約一年內轉交給了其他面向求職者的團隊（尤其是求職者首頁團隊），大體來說，這是比較好的解決方法。

- **基礎設施團隊**：負責確保科技基礎設施能夠滿足公司業務上各項需求。他們主導重大的技術債議題，並協助產品開發團隊的工程師克服規模和性能方面的挑戰。
- **工具團隊**：提供工具和服務給所有產品開發團隊，幫助他們提升生產力，以及創造更可靠的系統，這包括網站監管服務、測試與釋出自動化工具、雜項生產力（miscellaneous productivity）以及團隊協作工具。

第66章

產品策略

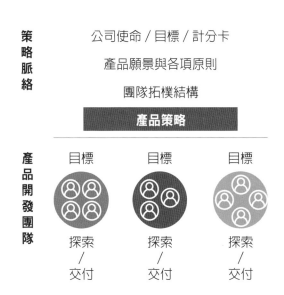

策略脈絡

公司使命／目標／計分卡

產品願景與各項原則

團隊拓樸結構

產品策略

產品開發團隊

目標　　　目標　　　目標

探索　　　探索　　　探索
／　　　　／　　　　／
交付　　　交付　　　交付

公司擁有明確目標、產品願景和各項原則後，產品組織領導者（在本案例中為產品長、科技長和兩人的管理者），理當更新產品策略，落實公司各項目標。

請記得，沒有人能保證他們可於一個年度內，完成董事會期望他們

做好的一切事情。如果產品領導者研判他們辦不到，就應向執行長報告問題所在，並請他考慮增加經費或拉低期望，或盡可能兼顧二者。領導者做出判斷之前，理當與產品開發團隊密切合作，確認他們究竟能否達成目標。

還要留意一件重要的事：公司設定的是年度目標，而產品團隊尋求實現的是季度目標。所以產品領導人和產品開發團隊可以基於進度、所面臨的阻礙、新的學習成果、新的洞見和新發現的機會來調整進程。我要提醒一些關於產品策略的要點：

1. 產品策略要專注於少數真正重要的目標著手。
2. 然後，我們需要能發揮槓桿作用的洞見，以對公司各項目標帶來實質影響。
3. 接著，我們要當把洞見化為具體行動，而這意味著分派給每個團隊一項或多項必須實現的目標。
4. 最後，管理者應積極追蹤目標落實進度，並準備好為團隊提供支援、幫他們排除障礙和做一些必要調整。

專注

該公司領導者設定了兩項年度目標，一是持續促進核心業務成長，另一是探索公司擴張業務所需的產品。資深領導者把公司目標縮減到只有兩項，對於專注有很大助益。如果他們一開始就設定很多的目標，那麼產品策略很可能要從縮減目標來著手。

每家公司都有許多追求實現目標的機會。本案例中的公司當時正認真辯論，要不要擴張和提供額外服務（例如履歷核實和藥檢服務）給雇主等議題，不過這些在當年都沒有通過。

請注意，策略脈絡包括：尋求新商機不可使核心業務付出代價。

洞見

該公司第一項目標是促進核心業務成長。他們期望的成長率是25％，而達成這個目標的策略當然很多。然而，該公司領導者了解，光是優化現有產品不太可能使成長率超越5％到10％。

雖然該公司仍具有機成長（organic growth，指企業依靠創新、新產品和服務、客戶成長等核心業務拓展，而帶來的成長。）空間，但因面臨不少新競爭者挑戰，他們不打算依靠有機成長。他們相信，在照應現有顧客（雇主和求職者）需求上有必要精益求精，此外還必須盡力贏得新客戶。

促進核心業務成長的目標

他們的產品策略一項要點涉及，檢視和研議主要市場 KPIs，以及用戶研究成果。他們尤其明白，求才的雇主想盡快填補職缺，但他們也想確認，自家公司提供攬才管理者的人才是合格人選。

徵人的雇主如果沒收到求職申請，肯定會大失所望，就連求職申請寥寥無幾，也會讓他們備感挫折，甚至導致拖緩錄用決策。這是眾所周知的事情。較不為人知的是，特定職缺求職申請太多，也會構成問題。因為光是篩選人才就大費周章，勢必也會拖長雇用決策的時間。

此外，有太多人申請同一職缺，就必然會有很多人鎩羽而歸。他們的資料分析顯示，當收到最少 8 件、至多不超過 25 件合格的求職申請時，求才管理者最稱心如意，也最快完成職缺填補。

根據這些分析，他們獲知有 28% 的求才雇主收到的求職申請太少，而 7% 則接獲過多申請。這看來雖然不算太糟，但實際上也不太妙，因為最吸引人的職缺有過多求職者申請，以致於有太多人敗興而歸。一旦一項職缺公告有了足夠的合格申請者，或許應用演算法把求職者導引到更有希望的職缺？

該公司認為，這是與雇主客戶（尤其是很少收到求職申請的雇主）流失率直接相關的問題。他們也相信，這與求職者（尤其是申請了令人興奮的職缺卻未曾獲得回音的求職者）滿意度有直接關聯。

因此，他們下一季或兩季的策略焦點是，讓雇主導向的團隊設法提高職缺中獲得至少 8 件合格的求職申請百分比，並且減少求職申請超過 25 件的情況。他們料想，這將降低雇主客戶流失率、使每個雇主貼出更多職缺，也可讓更多求職者成功謀得職位。

該公司深明求職者分秒必爭：他們尋覓合適的好職缺，也想要有選擇餘地，但主要還是想盡快找到適宜的工作。

公司從資料分析發現，如果求職者沒在最初 48 小時內使用他們的服務，很可能就不會再光臨他們的平台。他們也得知，只有 27% 註冊用戶實際提出過至少一份求職申請。還有，求職者有沒有下載行動裝置原生應用程式來搜尋職缺，二者求職成功率有顯著差異，有下載的人成功率是 32%，沒下載的人成功率只有 15%。

第一項洞察（求職者決定是否使用服務的時間窗口只有 48 小時）

不令人意外。第二項則讓人意想不到。在平台上註冊往往大費周章，因此該公司難以了解，為何許多人註冊成功後卻連一件求職申請都未提出。

於是，公司下一季的第二個策略焦點在於，讓求職者導向的團隊設法幫更多求職者（尤其是註冊成功的人）搜尋到合適的職缺，並使他們在最初的關鍵 48 小時窗口內至少提交一份求職申請。

開發大企業客戶的目標

該公司的第二項目標直截了當，雖然不容易達成，但清晰易懂。他們將成立新產品開發團隊，並依據公司目標明確指派工作給新團隊。

他們很清楚，針對核心業務做出的許多假設可能不適用於新產品，因為以企業為銷售對象和以攬才的管理者為銷售對象，是截然不同的事情。於是，他們從確認產品／市場適配著手，尋求實現第二個目標。此外，他們期望團隊確認產品／市場適配的過程，不要因任何其他事情而分心。畢竟在開發新產品時，團隊很容易好高騖遠。雖然新團隊的工作相對單純，但公司寄望他們為其他團隊帶來影響。

確認產品／市場適配很可能耗掉一整年時間，而且需要其他團隊的支持，其他團隊甚至有必要配合做出改變。這包括雇主導向的組織裡多數團隊、面向求職者組織中至少求職申請團隊，還有平台組織裡多半團隊。

公司必須確保這些團隊都支持第二目標。

轉移平台

在產品開發工作聚焦於，實現高層主管或董事會設定的公司兩大目標之際，產品領導者另外提出了一項目標，也就是轉移平台。

由於該公司先前幾年業務快速成長，因而有若干非常嚴重的技術債。公司的工程組織在此前一年提交了一項兩年方案，計畫使工程組織成為更現代化、以亞馬遜雲端運算服務（AWS）和微服務（microservices）架構為基礎的組織。

這個方案列舉了二十個重大的系統構成要素，並提議每一季依據策畫的特定順序處理數個組成要素，預計大約兩年時間完成整個計畫。

請注意，工程團隊相信，只要暫停其他工作，他們可以在更短的期程內完成轉移平台相關工作。然而，這對組織的持續擴展能力造成重大破壞。公司因考慮到風險過高而決定另採漸進式方案，計畫在兩年期間有策略地重建基礎設施。這項方案在我做研究當時已經進行到第三季，而平台開發團隊扛起了這個計畫的多數工作。

具體行動

在將洞見化為具體行動上，該公司領導者知道可以單純指派問題給每個團隊解決，但他們也明白這會錯失一些重要的事情。他們很清楚自己無從掌握各團隊可用的賦能科技，以及每個團隊對各種問題的想法和解決問題的熱心程度。

因此，他們的下一步驟是採取開放立場討論團隊季度目標，放手讓產品開發團隊思考最好的解決問題方案。於是，產品領導者要求產品開發團隊成員和他們一起開會研議產品策略。[1]

---

[1] 該公司鼓勵產品開發團隊所有成員參與策略簡報會，而其他公司通常只敦促產品經理、產品設計師和技術主管與會，有些公司則僅有產品經理出席。這部分取決於公司文化，部分取決於組織規模以及大家是否同處辦公。該公司促使多數工程師參加策略會議是因為他們相信，工程師在創新方面扮演重要角色。

在會議上，產品領導者先向與會者報告公司目標最新進度，接著講述產品策略並分享相關資料（尤其是各種洞見）。領導者解釋說，他們接下來幾天會向每個產品開發團隊詢問，如何解決一或二個重要問題來實現公司目標。領導者也期望團隊思考一下，自身能在哪些問題、構想和科技上派上用場。❷

領導者還闡明，每個人都想做同一件事情是行不通的，因為他們都必須對前述的三項目標全力以赴。但他們也指出，假如某個團隊對於解決某項問題特別有自信，他們會竭盡所能滿足團隊的需求。

請記得，這是有必要兼顧由上而下與由下而上的過程。團隊都獲得公司提供的目標和產品策略（由上而下），而且他們都被要求思考自身能做出什麼貢獻（由下而上）。這啟動了團隊與領導者間的雙向溝通，以確保公司目標能如願完成。所以關鍵結果始終必須來自團隊。

管理

我們將在下一章分享該公司每個團隊實際獲指派的團隊目標。在此之前，有必要先描述相關過程面臨的諸多阻礙和挑戰，以免造成誤導。以下是他們遭遇的一些重大障礙和克服難關的方法：

- 本案列中，團隊肩負過多工作的團隊是雇主首頁團隊。領導者對

---

❷ 我們必須澄清，我們不期望每個團隊對每項目標都做出貢獻，因為互異團隊各自的適切目標會有所不同。然而，我們期許每個團隊思考，對於特定團隊目標和更廣大的公司目標能提供什麼幫助，而且當他們看到大有可為的機會時必須公告周知。

此提出兩個解決方案，一是將部分工作轉交其他團隊，一是為團隊增加一名或更多工程師。結果他們兼容並蓄了兩個方案。

- 最常見的障礙是，某個團隊確認與另一團隊有依存關係，而且有必要知道能否於季度內獲得所需。這在擬定季度計畫時，以及在季度期間深入推行工作時，多種情況下都可能發生。受人依託的往往是平台開發團隊。不過，有時雇主導向的團隊有所改變，也需要面向求職者的團隊相應做出改變。在這些情況下，管理者必須直接與相關各方商談，以了解彼此對依存關係的需求能否、又將在何時獲得滿足。在多數情況下，討價還價有助於同時符合依存關係雙方的需求。❸

- 雇主首頁團隊確認需要產品行銷人員，在搜尋引擎優化上提供重大協助好利落實目標。於是管理者在該季度安排了一位搜尋引擎優化人員。他們從新求職者漏斗相關資料分析發現，只要優化搜尋引擎，就能吸引更多合格的求職者，從而提升就業成功率。

- 基礎設施團隊比照先前各季度分享了轉移平台計畫的技術債，然而企業工具團隊認為這時機不利於他們的關鍵工作。最後，基礎設施團隊變更了原先規畫的特定模組，以避免當季白費功夫。

- 分享服務團隊必須支援各顧客體驗團隊完成大量工作，也要協助所有團隊就一切形形色色的要求優先排序。此時領導者提供優先要務指南解決了一部分問題，然而對於特定情況，最好的方法是讓顧客體驗團隊編寫必要軟體，然後把程式碼提供給平台（提供前必須等待分享服務團隊認可）。

---

❸ 然而，在某些情況下，平台開發團隊無法盡早提供顧客體驗團隊所需，及時完成季度工作，這時用戶體驗團隊只能在下一季交付解決方案。

第67章

產品開發團隊各項目標

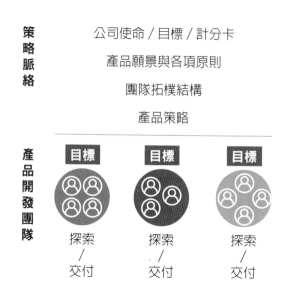

| 策略脈絡 | 公司使命 / 目標 / 計分卡 |
| 產品願景與各項原則 |
| 團隊拓樸結構 |
| 產品策略 |

接下來將講述產品領導者和產品開發團隊協商的結果，以及有依存關係的團隊之間商談的收穫。

在某些情況下，團隊最初自行提出的目標獲得了良好結果，而在其他情況下，為求盡可能完成最多的公司年度目標，商議時有一些討價還

價。（這裡著重強調，討價還價是正常的。這反映出某些事情源自於領導者，有些事情則來自於團隊。）這多半反映在團隊應有的雄心層次的協商上。

請牢記，團隊目標涵蓋實現各項目標的關鍵工作，而落實團隊目標並不是產品開發團隊的唯一任務，他們還必須處理其他工作（尤其是維持業務正常運行的工作），以及其他難免發生的問題。

也請記得，這些目標是待解問題而不是解決方案。我們期許團隊在產品探索過程中嘗試各種潛在的解決方案，並尋求可以證明行得通的解決方案。這就是獲得賦權團隊的使命。

你將留意到，該公司有多個團隊被指派解決同一問題。在多數情況下，那即是團隊的共同目標。因為是最重大問題，所以需要多個相關團隊一起來處理。這是個好方法，而且出自於該公司產品策略，我也認為在這個特別的案例中，不失為適切的做法。不過，我要鄭重指出，這不是必然的方法。（除非另有說明，否則所有關鍵結果都是他們渴望達成的事情。關於特定的雄心層次，我們放在深入閱讀討論。）

對於共同目標，各團隊理當溝通和密切協調，而管理階層也須在必要時（主要在教練團隊時）幫助他們看清全局。

公司儀表板

以下是該公司的儀表板，其中包括產品策略相關的各項關鍵績效指標：

雇主方面：增進雇主求才成功率（徵人啟事登載 60 天內職缺成功

填補的百分比）

- 雇主當前求才成功率：37%
- 合格申請件數少於 8 件的職缺公告百分比：39%
- 合格申請件數超過 25 件的職缺公告百分率：7%
- 合格申請件數介於 8 與 25 件之間的職缺公告百分比：54%
- 每個帳戶職缺公告平均件數：5.9 件
- 雇主客戶流失率（年化）：6%

求職者方面：提升就業成功率（求職者搜尋職缺 60 天內成功找到工作的百分比）

- 當前求職者就業成功率：23%（平均值）
- 註冊的求職者在最初 48 小時內提出至少 1 件求職申請的百分比：27%
- 使用應用程式的求職者成功就業百分率：32%
- 未使用應用程式的求職者就業成功百分比：15%
- 每次搜尋職缺之後平均求職申請件數：3.2 件

面向雇主的組織

雇主首頁團隊 相信，根據歷來累積的職缺公告和求職者資料，足以向攬才的管理者做出明智的推薦，而這將顯著地提升求才成功的可能性。

目標：提高經由推薦促成的雇主求才成功率

- 關鍵結果：雇主求才成功率從 37％升高到 39％
- 關鍵結果：求職申請件數多於 8、少於 25 件的職缺公告百分比從 54％提升到 58％

攬才工具團隊 預料，自身將深受企業目標影響，因此提議在尋求進軍新市場的過程中，有必要與新的企業工具團隊攜手合作。他們將全力完成必要工作，改善攬才工具使其符合各求才企業的需求。請注意，這是他們與企業工具團隊分擔的團隊目標。（請記得，這是分擔團隊目標的案例。雇主工具團隊必須與攬才工具團隊、平台開發團隊協作來達成分擔的目標。）

目標（與企業工具團隊分擔的目標）

- 關鍵結果（與企業工具團隊分享）

超值服務團隊 提出了具有風險、但可能至關緊要的理論，他們認為所有貼出職缺公告的雇主都應獲得特定服務。因為證據顯示那些服務能填補更多職缺，從而降低企業客戶流失率，以及增進公司整體營收。他們提議就這個理論進行一系列測試，並預期雇主徵才成功率的成效可以預測，至於降減客戶流失率的效果則需要一段時間才會顯現。

目標：提升超值服務促成的雇主求才成功率

- 關鍵結果：雇主徵才成功率（對受測試群體來說）從 37％提升到 40％

- 關鍵結果：對營收的影響不顯著或是正向（對受測試群體來說）

雇主聯繫團隊 相信，這可以使新客戶關係管理發揮槓桿作用，增進公司與招聘者和攬才管理者互動的效能，促使更快速填補職缺。

目標：增進溝通促成的雇主徵才成功率

- 關鍵結果：雇主攬才成功率從 37%升為 40％
- 關鍵結果：求職申請件數多於 8、少於 25 件的職缺公告，從 54％增加到 56％。

企業工具團隊（新團隊） 則主導企業目標倡議案，並在必要時與其他團隊合作。他們的作用在於立刻著手進行銷售人員判定有望成為客戶的 8 個企業探索計畫，以確認產品與這個新市場適配。

目標：證明企業導向的產品與市場適配

- 關鍵結果：顧客探索計畫中至少 8 個企業客戶簽署採購意向書❶

面向求職者的組織

求職者首頁團隊 相信歷來累積的資料可以發揮槓桿作用，並將智慧

---

❶ 衡量企業工具團隊是否成功的最終方式：看他們能否為企業導向的新產品開發出至少 6 個參考客戶。領導者與團隊期望能在少於兩季的時間內達標。接下來的問題是，什麼能作為實質商業成效的關鍵績效指標。他們決定積極投入顧客開發計畫，並且自信只要至少 8 個客戶簽下沒有法律約束力的採購意向書，就可合理預測其中某些客戶會實際購買完成的產品。這極度仰賴團隊交付所承諾的產品。

型、個人化的儀表板導入求職者首頁，指引求職者找到更適合的工作。請注意，這是他們與工作推薦團隊共享的團隊目標。

目標：升高推薦促成的求職成功率
- 關鍵結果：求職成功率從 23%提升到 25%
- 關鍵結果：最初 48 小時內提出首份求職申請的百分比從 27%提高到 30%

職缺搜尋團隊 認為可擴展搜尋模式，使搜尋引擎依求職者所描述的理想職位，不斷查找新公告的相符職缺，並確保當合宜的職缺出現時，即時通知求職者。

目標：提升搜尋促成的求職成功率
- 關鍵結果：求職成功率從 23%提高到 25%
- 關鍵結果：搜尋結果促成的求職申請百分比從 0%增加為 3%

工作推薦團隊 料想可以改善職缺推薦的品質，並協助求職者發現自己不知道具備合格條件的工作。請注意，這是他們和求職者首頁團隊分擔的團隊目標。

目標：增進工作推薦促成的求職成功率
- 關鍵結果：求職成功率從 23%提升到 25%
- 關鍵結果：推薦促成的求職申請百分比從 3%增為 5%

求職申請團隊致力使求職申請流程更加人性化。一旦求職者提出一項職缺申請，此後將能在任何時間以任何裝置，輕易且快速地申請其他工作。

目標：提高求職申請成功率

- 關鍵結果：求職成功率從 23％升高到 25％
- 關鍵結果：求職者平均申請件數從 3.2 件增加為 4 件

求職者聯繫團隊以「最初 48 小時」求職者提出首份申請的時間窗口為主題概念，規畫一系列豐富且更及時的用戶體驗相關實驗。

目標：升高聯繫促成的求職成功率

- 關鍵結果：求職成功率從 23％提高到 25％
- 關鍵結果：最初 48 小時內提出首份求職申請百分比從 27％增至 30％

行動裝置應用程式團隊提議聚焦於實時（real-time）通知以鼓勵求職者在最初 48 小時、潛在的適宜職缺被發現時更及時參與申請。

目標：提升應用程式促成的求職成功率

- 關鍵結果：應用程式用戶求職成功率從 32％升高到 35％
- 關鍵結果：求職者首次安裝和使用應用程式的百分比從 17％上升到 20％

- 關鍵結果：應用程式在線上商店過去 30 天的評分從 3 分提升到 3.5 分

平台組織

請留意，平台開發團隊主要作用是，幫雇主和求職者體驗團隊實現目標，因此該團隊多數季度目標必然是支持其他團隊達標。

共享服務團隊 則因為其他多個團隊認為有必要運用即時通知服務，於是他們致力於提供不可或缺的相關支援。

目標：供應必要的科技以支持各體驗團隊
- 高誠信承諾：交付 1.0 版即時通知系統 ❷

支付與帳單團隊 因應企業工具團隊要求提供支援，必須根據公司條款建立每月計費帳號，而不只是處理交易付款事宜。請注意，這是他們與企業工具團隊分擔的團隊目標。

目標：向企業證明產品與市場適配
- 關鍵結果（繼承企業工具團隊的關鍵結果）

---

❷ 你可能納悶，為何這算高誠信承諾，而不是一般「維持業務正常運行」的依存關係，或是分擔團隊目標。我們只就重大的可交付成果做出高誠信承諾，而不會在微不足道的事情上這麼做。鑑於各團隊已商議、決定他們需要即時通知服務，所以實際上的問題是：他們何時能夠開始使用這項服務？一旦確認時間，這就是高誠信承諾。

資料與回報團隊 因應企業工具團隊要求，供給遍及全公司的回報能力，以及幫忙整合多用戶（各有帳號的攬才管理者）的雇主客戶回報工作。請注意，這是他們和企業工具團隊分擔的團隊目標。

目標：向企業證明產品與市場適配

- 關鍵結果（繼承企業工具團隊的關鍵結果）

　　基礎設施團隊 當時正致力為期二年的轉移平台工作來因應重大的技術債問題。由於公司擴大爭取企業客戶，促使此團隊提議調整工作排序，以確保求職者追蹤系統整合工作奠立在新的基礎上，而新基礎理應大幅提升速度，好讓日後沒有再轉移平台的必要。

目標：持續重要的轉移平台工作（這是跨越多個季度的案例，因為技術債相關計畫歷時二年。這個持續多年的目標，每個季度也有具意義的進展。）

- 高誠信承諾 ❸：完成系統四個主要組成部分轉移至新架構的任務，同時確保所有團隊在轉移平台的過程中能夠持續推展工作

　　工具團隊 被要求專注於更靈活的實時監看，以因應企業整合的各項

---

❸ 這原本可以是關鍵結果而非高誠信承諾。將軟體轉移到更先進的平台上，要把速度、可靠性、可擴展性、性能和容錯等方面改善加以量化，是非常困難的事情。因此我甚至不推薦就技術債相關工作做出高誠信承諾。我告訴該公司領導者，如果想在業界立足並保住所有工作，就要確實履行承諾。

需求。

目標：向企業證明產品與市場適配

- 關鍵結果（繼承企業工具團隊的關鍵結果）

深入閱讀｜雄心層次

關於進取型關鍵結果，重要的是弄清楚團隊對季度關鍵結果應具備多大的雄心壯志。這通常會反映出公司文化。有的公司期勉團隊雄心勃勃（追求實現登月計畫），有些公司則希望團隊守成保業（尋求落實登頂計畫），而某些公司則要求團隊投射某種程度的信心於關鍵結果（比如說7％）。我們研究的這家公司，領導者以主觀的措辭描述他們期望團隊具有什麼程度的雄心層次。大體來說，他們期許團隊相對雄心勃勃，因為他們不認為登頂計畫能達成所需結果。

第 68 章

商業成果

本章羅列該公司各季度做出的結果，並列舉約一年後若干觀察所得，提供還不明瞭的讀者了解這一切實際上如何發生。

該公司專注於使更多職缺獲得 8 到 25 件求職申請，這確實取得了成功。而此良好結果是出於，原本浪費在有足夠申請件數的職缺申請，被更有效地分散到其他職缺。

當季度結束時，該公司的雇主求才成功關鍵績效指標，從 37％ 提升到 41％。最好的消息是，雇主徵才成功率持續提高，更在年終時達到近 45％。這是實質降減雇主客戶流失率（從 6％ 降到 5.1％）帶來的結果。

承如各位所見，該公司從多個不同角度切入來求解決問題，並且寄望某些切入方法能獲得成功。工作推薦團隊解決問題的取向帶來了最重要的影響，他們主要使求職者看見系統認為其符合條件、卻不清楚自身有資格申請的職缺。這不但產生了立即的效應，而且影響至少持續了往後兩年。

在求職者方面，註冊和首次提出求職申請的工作流程煥然一新。用戶於最初 48 小時內提出首份求職申請的百分比大幅提升（從 27％ 升高

到 42％）這主要是首次求職申請變得更容易上手，而且進一步與註冊流程整合。

該公司行動裝置原生應用程式上的投資也證實頗有價值。隨後的幾個季度裡，他們透過更好的產品行銷，成功促使更多求職者安裝程式。

在企業導向的產品與市場適配這項目標上，他們以整整兩季的時間獲得 6 個參考客戶，從而使公司建立了一個直銷管道。無論如何，該公司發現從線上直售產品給攬才的管理者，轉移到透過直銷隊伍出售產品給企業人資單位，所需的改變遠超過他們的預期。他們花了近一年時間才使轉移的基礎達到所需的水準，這包括安全把關、存取控管、資料與回報，以及支付和帳單等方面。

如果你詢問該公司的團隊，他們可能會說，完成轉移平台的工作是他們最滿意的結果。這項耗時兩年的任務，不但使作業流程顯著加速，還使他們的能力符合所有需求做出的成果。

多數平台開發團隊的產品經理角色，是由技術主管扛起來。這對泰半團隊（基礎設施、工具和共享服務等團隊）來說不成問題。然而，在其他團隊（支付與帳單、資料與回報等團隊）商務上的複雜性和種種限制，可能使技術主管不知所措，於是公司在當年稍後為這些團隊增設了平台產品經理。

整體來看，在某些團隊較其他團隊更成功的情況下，公司員工、領導者和投資人對於進展非常滿意，他們也認知到團隊的創新並給予嘉獎。在接下來幾年持續追求成長的過程裡，他們仍有許多工作必須完成，但他們確實有了實質進展。

由於該公司領導者與利害關係人和高層主管的關係非常開放和透

明，他們分享了如何生產科技產品使我有了更好的體會，尤其更能夠判斷解決超難問題時所需的實驗層次。

第 **69** 章

關鍵重點

　　如果你堅持不懈、從頭到尾看完個案研究，我希望你腦海中對於強效產品組織的實際運作，已有了清晰的圖像。

　　此研究簡介了實際存在的公司，如何處理各項挑戰與快速成長的壓力。以下是我認為最重要的十項要點：

1. 產品經理必須多方扮演關鍵角色，這包括團隊拓樸結構、產品策略、團隊目標、積極管理季度內出現的問題與阻礙等方面。

2. 建立在專注和洞見上的真正產品策略事關重大。產品策略闡明各產品開發團隊必須解決什麼問題。領導者依據一些有高度影響力的洞見制定策略，然後要求產品組織提出解決方案。最終結果取決於策略。

3. 積極管理（產品開發團隊本身的和來自產品領導者的）團隊目標很重要。如果團隊不能控管好各項目標，在落實目標上會處處受到干擾，季度很快就會結束，而團隊將不會有足夠的進展。

4. 團隊賦權和傳教士團隊是無價之寶。實質的創新全然是團隊賦權

的直接結果，因為獲得賦權的團隊會興奮地致力為顧客和公司解決難題，並帶來實質的影響。

5. 可知與不可知的種種限制。該公司領導者確實無法預料哪些創意發想會產生實質結果，而哪些不會帶來成果。他們的各種計畫不能超脫這樣的現實條件。

6. 下賭注要做好風險管理，要了解只有某些賭注會得到好結果。該公司領導者下賭注，是根據資料分析所獲洞見的牢靠程度、特定團隊和人員的可信賴度，以及團隊對於帶來影響具有多少自信。

7. 團隊拓樸結構對於將洞見化為行動有所影響。互異的團隊拓樸結構會造成不同的目標分派，而且可能帶來很不一樣的結果。或許更好，也可能更糟，但絕對是迥然有別的結果。拓樸結構具有若干明確的優點，但也有某些實質的侷限。

8. 領導者與產品開發團隊之間理當相互妥協，部分由上而下，部分由下而上。領導者讓團隊自願擔當他們擅長的領域，並不是放棄自己的職責。他們願意試著配合團隊，有助於激勵團隊士氣。

9. 領導者應注重向所有產品開發團隊分享廣泛的策略脈絡。團隊須往大處著想、了解產品願景和產品策略（尤其是策略背後的洞見），才能做出好決策。

10.不確定性會造成混亂，而我們永難在不確定的情況下做出保證。但聰穎的領導者信任團隊，接受不確定因素，並且適當管理風險，因而往往能找出行之有效的方法。

大家要理解，所有公司都有各自的獨特處境。各公司的市場地位、

團隊具備的才能、運用的賦能科技、固有的公司文化彼此互異其趣。因此，對這家就業市場公司卓有成效的事，並不見得對你的公司也行得通。但我們希望這項個案研究能使你明白應當深思熟慮的事情，以及了解自己必須具備什麼樣的領導力。

第 70 章

領導者側寫：茱蒂‧吉普森
（Judy Gibbons）

領導力之路

吉普森畢業於倫敦商學院，在我任職於惠普公司時，她加入惠普展開了專業職涯。

她進惠普時正值個人電腦蓬勃發展的時代，當時在公司學會了產品管理和產品行銷。那時她主要在英國工作，我則在矽谷，但我們相識後成了好友。此後，我一直觀察她的職涯發展，並且見證了她的領導力。

她後來離開惠普、加入蘋果公司，在那裡從事了七年產品研發、產品管理和科技傳播相關工作。然後她轉往微軟公司發展，於十年期間打造和領導微軟的 MSN 全球顧客網際網路服務事業。

離開微軟後，她開始從事新創公司顧問和投資相關工作，並且出任多家公司的董事和董事長，而那些公司了解他們必須從最高層著手展開轉型。

她在職涯獲取了科技業幾乎所有面向的相關經驗，也從領導多家極

速成長的公司學習到種種課題。

行動領導力

以下是吉普森的自述：

我職涯初期幸運地在惠普公司（英國和矽谷兩地）任職，最早是擔任系統工程師，後來出任產品經理。

比爾・惠烈（Bill Hewlett）和大衛・普克（David Packard）締造了非常強勢、奠基於價值體系的公司文化以及營運原則，這些都銘記在《惠普風範》（*The HP Way*）一書裡，其中包括「公司相信最佳成果來自延攬合適的人才、信任他們、賦予他們自由以找出達成目標的最佳途徑，以及讓他們分享工作帶來的報酬。」

這可以解讀成「始終聘用比你聰明的人」、「對員工賦權」、「顧客是一切的關鍵」。惠普是採行目標管理（management by objectives）的先鋒，而這套方法是當今 OKRs 的基礎。我任職惠普七年所學在往後的職涯一直受用無窮。

每當我見到沒有強烈價值體系和協作與賦權文化的組織，總是明白他們將很難打造出非凡的顧客體驗、從而創造出價值。科技使許多事情成真，但如果無法滿足顧客的需求，就滿足不了公司的需求。

離開惠普後，我加入蘋果公司。在那裡，賈伯斯展現了願景扣人心弦的重要性和能發揮的力量。他闡明運用科技可成就諸多事情，同時還能兼顧打造顧客體驗。蘋果擁有較多元異質的產品開發團隊，成員包括產品設計師、產品經理和研發人員，他們能有效結合彼此的技能，以非

凡的方式創新。

之後我進入微軟公司，參與 MSN 這項顧客網際網路服務的啟動過程。那是網路新平台上的一項產品，必須持續不斷更新內容。當然，MSN 在當時是全新的商業模式。結果，微軟產品開發團隊進一步多元化，網羅了一些新聞記者、製作人，以及廣告專業人士。但團隊的需求沒有改變，依然需要清晰的願景、創意、反覆不停的疊代，而且必須向顧客學習。現今多元異質對於產品開發團隊尤其重要，相關的討論不絕於耳。

當我們給予有創意又熱情的人探索各式點子的自由，不凡的事物會應運而生。創意源自原創的想法，而原創構想必須經得起批評、評價和精心推敲。我們理當探索各種可能性，然後專注於那些最具潛在價值的構想。產品開發團隊要有能力嘗試當下最可能成功的各式方法，並對相關作為保持彈性。

我從微軟去職後加入了 Accel Partners 這家頂尖的創投公司，主要從事科技業新創公司投資。我在那裡聆聽過數百場未來企業家們的「投售」簡報，而且驚訝地發現，許多創始團隊裡沒有科技或產品方面的領導者，許多人甚至計畫把產品研發工作外包，這清楚顯示他們欠缺了解如何打造卓越科技產品和公司。

過去十年間，我在各式各樣的公司董事會任職，其中不少公司當時正進行「數位轉型」。公司轉型後要能提供給顧客引人入勝的數位體驗，而先決條件是公司對產品開發團隊賦權。要為此創造條件，領導者理當確立和傳播明晰且能激發人心的願景，闡明公司力圖達成的目標和相關理由。

公司自最高層以降都必須以客為尊，要弄懂顧客是什麼樣的人、他們的行為以及需求。公司需要高度專注且強效的跨功能團隊來發展解決方案，而且團隊須由幹練的產品經理領軍，並且獲得賦權以實現產品願景。這意味著，團隊要具備明確的目標、當責不讓、持之以恆地互動、堅持不懈地學習。

領導者應設定種種期望，依據必要的分寸來管理各團隊，但為了促成進展，必須卸除各團隊間的藩籬。領導者還要以不可或缺的工具和資源支援團隊。然後，領導者理當放手讓團隊自由探索。團隊成功的關鍵在於，公司高階領導人對這些方法、價值和作為給予支持。

凱根曾問我，為何有那麼多公司仍偏好指揮與控制的領導模式，而不向團隊賦權？

我不知道這是不是那些公司的偏好，或者他們是否有意為之，但我明白要改變這一切極為困難。唯有具備強效的領導力和勤勉不懈地創造正確文化與價值觀才能辦到。領導者理當打破各自為政的格局，建立新的工作方法，並促成和支持有效能的跨功能協作。

身為董事會成員，我一直力促高層領導人接受這些原則和價值，並強調公司必須對產品開發團隊賦權。如果不做這些事，公司將難以更上層樓，還會處處受挫，這難免導致公司大費周章與成本延攬的不可或缺數位人才另謀高就。

第**9**篇

協作

　　擁有強效產品領導者和獲得賦權的產品開發團隊是必要條件，但這往往還不足夠。因為產品開發是在廣大的公司脈絡下進行的工作，而公司執行長、其他關鍵的高層主管、代表各主要領域的利害關係人，也等同重要。無論如何，與公司上上下下的人員建立必要的工作關係，是另一種層次的難題。這需要更高的敏銳度和明察秋毫的能力。

　　假設你的公司採用為公司服務的功能開發團隊，而如今力圖轉換成以商業可行方式為顧客服務的獲得賦權產品開發團隊，在實務上，你必須使產品組織從服從模式轉變成協作模式。

這是從極為人性化的層次要求高層主管，以不同的角度來思考平凡人（個別貢獻者）接受教練後組成的非凡團隊。這個非常重大的改變尤其會對公司其他人帶來衝擊。我們必須探討這類變化的意涵，以及產品領導者能如何引導公司具有不同心態和職責的人們，經歷這樣的巨變。

第71章

產品領導者的角色

揚棄功能開發團隊的服從模式、轉換到獲得賦權產品開發團隊協作模式，要從建立信任（尤其是產品組織與公司領導者的互信）來著手。對產品領導者（特別是產品長）的信任更是關鍵。

沒有強效能力又無法激勵人心、卻受執行長和關鍵高層主管信賴的產品領導者，會導致公司轉型變成阻礙重重的漫長艱辛歷程。

我們有個重大假設，但不見得符合你的組織：產品領導者一般來說，與公司關鍵高層主管和利害關係人屬於同一層次的同儕。這通常是科技產品公司的實際情況。然而，在某些成立於網際網路時代之前的老公司，產品領導者往往被埋沒在資訊長、科技長或個別事業部門底下（這都是功能開發團隊服從模式的顯著跡象）。

在那樣的環境裡，要使負責銷售的資深副總、行銷長或財務長與產品領導者建立協作關係，就職場政治來說，恐怕窒礙難行。為何這是事關重大的問題呢？因為比起讓高層主管信任他們不了解的、沒有必要經驗與知識的屬下，他們信賴自己的同儕是更容易的事。

在任何情況下，產品領導者必須與執行長（或是極大型組織裡的總

經理），以及其他關鍵的高層主管（每家公司情況不同，但往往是銷售、行銷、服務、財務、法務、業務發展方面的主管）建立直接關係。

這層關係的基礎在於，高層主管必須確信產品領導者深刻了解公司商務，而且致力於確保解決方案在商業各層面都可行。畢竟那是產品領導者最起碼的必備條件。此外，產品領導者也在三個方面受人評判：

- 商業成果
- 產品策略
- 產品團隊

商業成果

商業成果是，最終唯一真正能促使公司改採賦權模式的關鍵。公司著手變革很有可能出於舊方法已無法產生必要的結果。因此，產品組織交付成果事關重大。要做到這點，重要的是產品組織必須具備有企圖心又專注的產品策略，而且產品團隊須獲得賦權並對結果勇於當責。

產品策略

請記得，功能開發團隊沒有產品策略，只是力圖滿足公司各不同部門的需求。對具有產品策略的公司來說，要緊的是產品領導者與高層主管分享策略，因為這能使他們了解團隊必須專注某項目標的原因，以及團隊受指派從事某些工作的理由。

我們常見關鍵高層主管或利害關係人率先發現最重要的洞見，在這

樣的情況下，請大方地歸功於他們。我們理當建立良好文化以鼓勵大家鍥而不捨地尋求洞見，並使其發揮槓桿作用。

產品開發團隊

採行賦權模式的公司很快就能學會，團隊獲得賦權才能實質做好工作，而且團隊解決難題的能力高度仰賴成員（尤其是產品經理）。因此，團隊成員會評判產品經理，也間接地對產品領導者做出評價。

產品領導者應明白自己沒有比最弱的產品經理強。所以，在新進員工入職訓練期間，產品領導者必須注重的是確保新人（尤其是新手產品經理）做好功課，而且他們與關鍵高層主管和利害關係人互動之前，必須先確實了解公司和顧客。如果他們不具備這些方面的深層知識，就難以獲得信任。

當他們取得信任後，產品領導者應親自向關鍵高層主管和利害關係人引介新進人員。產品領導者應當明白，做這件事就是親自為新人的知識和能力提出擔保，而你的聲譽也因此面臨著風險。

如各位所見，一切端賴強效的產品領導者。所以，切勿犯下錯誤讓條件不足的人擔綱關鍵角色。如果你覺得有必要那麼做，請確實讓他接受通過驗證的產品領導者提供主管力教練。

第72章

利害關係人的管理 vs. 協作

你可能已注意到，本書沒有深入探討「利害關係人管理」這個主題。這是因為這個名詞代表的心態，較接近功能開發團隊而非獲得賦權的產品開發團隊。請不要誤解，我不是說獲得賦權的產品開發團隊沒必要在意利害關係人。我的意思是二者理應有不同的關係。

功能開發團隊的作用在為公司服務，而公司往往有一或多位利害關係人代表。這些代表者理當「受到管理」，以免團隊對他們的種種需求和要求應接不暇。

就多數功能開發團隊來說，產品經理最令人生畏的角色是，必須和利害關係人打交道。功能開發團隊的產品經理往往覺得，他們永難取悅所有利害關係人，因為沒人有那麼多時間和人力，而且有時利害關係人的要求根本毫無道理。

我不是暗示，獲得賦權的產品開發團隊可以或應當忽略利害關係人，而是說他們的關係不同，要更具建設性且有利於創新的那種關係。

獲得賦權的產品開發團隊的作用在於，以顧客鍾愛且商業上可行的方式服務顧客。利害關係人是我們提出管用的解決方案所需的協作夥

伴。明確說，解決方案必須具有價值、易用性、實行性和商業可行性，而利害關係人尤其有助於我們確保商業可行性。

舉例來說，我們有時必須和公司法律顧問討論一些法規上的限制，以及各種可行的因應之道。我們深知，即使產品可能深受顧客喜愛，如果有違法規就沒有成功的希望。

與其讓利害關係人像「委託人」那樣告訴我們應打造什麼，不如使他們成為我們需要的夥伴，幫我們了解種種侷限，並協助找出可行的解決方案。

深入閱讀｜代理機構模式

代理機構旨在提供設計或是研發等方面的服務。你可能沒這樣想過，但功能開發團隊實質上很像這類代理機構。他們的主要差異在於，功能開發團隊屬於委內，而代理機構模式則是委外。

代理機構一般不設「產品經理」，但設有「客戶互動經理」（engagement managers）來管理客戶關係（在多數情況下，他們的客戶很像功能開發團隊必須服務的利害關係人）。

公司若將設計與研發委外給代理機構，將會遇到採用功能開發團隊模式公司同樣的問題。這並不意外。在這樣的情況下，代理機構的人員不僅深感自己像是傭兵，他們實質上就是傭兵。

根據我的經驗，代理機構的人員和功能開發團隊成員一樣，有能力做許多事情，而且他們通常也像功能開發團隊那樣不喜愛這種模式。然而，如果他們不想打造客戶要求的功能，那麼客戶大可去找其他願意做的代理機構。

　　我們另外也觀察到，在設計與研發代理機構往往能發現特別值得延攬的人才，因為他們通常負責過很多種不同類型的產品。但我們要留意，這些人才轉換到獲得賦權的團隊將面對文化上的重大改變。在許多情況下，來自代理機構的人會帶來那些導致功能開發團隊失敗的相同問題。曾有不少這樣的人才興奮地向我表示：「現在我成為委託人了。」而我總是試著指出，他們搞錯了重點。

第73章

分享洞見和所學

獲得賦權團隊探索解決方案的方法，會頻繁產生洞見。

我們通常每週與用戶和顧客會談，並且測試產品創意發想，深入發掘他們的脈絡和各種需求。我們分析產品使用情形，以及各項構想實況資料測試（live-data testing）所得數據。同時，持續不斷調查新的賦能科技，以了解是否有助於以嶄新且更好的方式解決問題。

我們也必須追蹤產業資料和知識，期能掌握切身相關的新趨勢，然後堅持不懈向公司產品行銷、銷售、財務、顧客成功等部門尋求洞見。當得知重要的或具有潛在關聯性的洞見，我們會與全公司同事分享。這是出於以下理由：

1. 這些洞見也可能對他們有幫助。
2. 他們以各自的觀點檢視之後，或許能產生更多洞見。
3. 他們可以幫我們進一步解讀這些洞見，使其發揮更好的槓桿作用。
4. 重要的是，公司必須學會分辨探索過程裡，原型反應不佳與產品在市場失利的差別。

探索過程裡原型反應不佳並非真正的失敗，而是一種快速的、依指數思考問題的學習方式。產品在市場失利則是真正的失敗，因為這往往非常耗時間，而且代價極為高昂。所以，我們期望公司明白二者的差異。我們無法全然避免產品在市場失利，但至少可以大幅降減失敗的頻率。

　　更廣泛地說，我們需要公開且得體地分享洞見的工作關係。藉由分享洞見和學習成果，我們才能和商業夥伴攜手並進。

　　我喜愛邀請關鍵商業領袖參與用戶或顧客測試。我也非常推薦大家與組織廣泛分享所學，以及各種可行和不可行的構想。

　　當洞見出自某位領導者或高層主管，而且對某項創新或實質進展發揮了關鍵作用時，我們應雍容大度歸功於他們。我曾在一家公司全員大會上頒發獎章表揚有功人員。我們理當確保種種洞見獲得雙向的肯定和分享。

第74章

維持業務正常運作

本書多半內容著重於探討，強效團隊如何以顧客鍾愛而且商業上可行的方法解決難題。然而，每個團隊依然必須做一些維持業務正常運行的工作。

公司經營者要在商界立足，總要完成一些特定的、無可商議的工作。以下是一些常見的例子：

- 修正重大的程式錯誤。
- 處理法規遵循問題（比如新的隱私相關法規）。
- 因應回報需求的改變進行一些微調。
- 增添測試設備來收集產品使用方面的分析資料。

這些都不是燦爛輝煌的工作，通常也相對微不足道。你可能基於某些目的（例如修正重大程式錯誤或採用分析儀器）去處理這些事情，或要求法律顧問或財務夥伴因應隱私法規或回報需求。

產品經理通常負責掌握這些維持業務正常運行的事項，他們收集必

要的資料並以此推動積壓的工作。我們一般不需要探索這些事項，如果我們這麼做，會誤以為這是更為常態的產品開發工作。

那麼，這些事項和協作有何關係？

這些維持業務正常運行的事項，通常源自商務夥伴。他們可能不知道滿足這些需求的最佳方式，但往往清楚地察覺到這些需求，並且能夠提供必要的脈絡。如果產品開發團隊不能處理這些事項，那麼商務夥伴會陷入困境，從而使彼此的關係緊繃。

很顯然，如果維持業務正常運行的事項層次變得過高，導致阻礙團隊落實目標工作，則必須向上反映到產品領導階層。

一般來說，企業主和關鍵利害關係人常能辨識到新商機，像是新的獲利方法、新服務、新能力。如果你和他們關係良好，他們將為你帶來種種機會。在多數情況下，我們會獲得不錯的商機，但是識別最重要事項的能力也很容易被削弱。如果我們很注重、且時常向商業夥伴提醒和傳達產品策略與專注的重要性，情況則會有所不同。

另一件必須留意的事情是，有時企業領導人會試圖把功能開發項目定性為維持業務正常運行的工作，並讓產品開發團隊來做這些事情。如果這種情形經常發生，我們將難以推動關鍵的產品開發工作，這時獲得賦權的產品開發團隊無異於倒退回功能開發團隊的模式。

第75章

傳播產品福音

　　強效產品領導者的重大角色功能之一，是傳播產品福音（在中型和大型公司尤其是如此）。在這個脈絡裡，傳播產品福音意味著，創造、溝通和傳遞價值給自己的組織。

　　你努力的目標不是讓人購買產品，而是說服對方關切並協力落實極重要的事情。有難以勝數的方法可以幫我們與團隊、高層主管、關鍵利害關係人和投資人溝通和傳遞價值。以下是我的十大方法：

1. **運用原型**。PowerPoint 簡報對多數人的成效不彰，遠比不上展示原型。我們可能需要高擬真原型，這意味著即使產品不只是海市蜃樓，仍必須具有真實感。這或許是說服人接受產品構想的最有效方法。

2. **分享顧客痛點**。你可以原原本本引用顧客的話，或把他們的說法匯集成一部影片。許多人需要聆聽顧客的話語、親自見證顧客的痛點才能心領神會。這是我喜愛邀請研發者或高層主管參與用戶測試的原因。

3. **分享願景**。人們不想知道你當下正在做的事，他們想了解的是你正朝向什麼目標前進。產品願景可以闡明你在未來三到十年希望達成的事。

4. **分享所學**。我們在前面討論過，當團隊每週進行產品探索工作，將可頻繁從資料和用戶與客戶獲得可觀的學習成果和洞見。把你學到的，包括進展順利的事情和遭遇的問題分享出去，給予受眾所需資訊好助他們提出解決方案。

5. **雍容大度地表揚有功人員**。要確切使團隊、高層主管、關鍵利害關係人把產品視同己出，而不是只把產品當成自己的產品。另一方面，當開發工作進展不順時，要挺身而出擔起責任，並讓大家看清你正從錯誤中學習成長。你會因而獲得各方敬重。

6. **學習如何高明地展示產品**。向高層主管和利害關係人展示產品時，不要試圖教他們怎麼操作產品，也不要意圖考驗他們能否使用產品。我們應力圖使他們看見產品的價值。產品展示並不是產品使用訓練，也不是產品測試，而是一種銷售產品的方式。要盡力學會如何出色地展示產品。

7. **做好功課**。如果團隊、高層主管、利害關係人都相信你深刻了解所說的一切，那麼他們很可能會追隨你。所以，務必要成為用戶和顧客、資料、公司、市場等方面的專家。

8. **對自家產品真正感到興奮**。如果自家產品不能使你興高采烈，你可能有必要變換工作或是所扮演的角色。

9. **學會展現熱忱**。令人詫異的是，許多產品領導者對自家產品雖然興致盎然，卻對展現熱忱深感不自在，甚至表現得很糟。這是必

須重視的問題。我們絕對要真誠，但也要讓人感受到我們確實因自家產品而歡欣鼓舞。畢竟熱情真的深具感染力。

10. **花時間和團隊互動**。如果你不投注時間與每位產品經理、產品設計師和研發人員面談，他們就看不出你熱情洋溢。花一些時間和團隊成員交流，對於提振士氣大有助益。這很值得你付出時間。

請記得，永遠不要停止傳播產品福音。一旦你停下了，很多事情會開始偏離正軌。高層主管會臨陣退縮，工程師將紛紛宣稱不知為何而戰。這一切會突如其來，即使你認為大家早應習以為常，不再需要你傳播產品福音。

經驗老到的產品領導者深知，傳播產品福音永遠不會過頭。你可以改變方法、多方援引各式顧客的說法、不斷更新原型，但所傳播的福音必須始終如一。

第76章

領導者側寫：艾維德・拉利查德・達根（Avid Larizadeh Duggan）

領導力之路

初識達根是在 2001 年，那時我於 eBay 管理產品，接獲了一位昔日網景同事兼友人來電，要我基於對他的信任雇用達根。我當然信賴他，因為他一向知人善任。

達根的專長是工程學，但她想要學習產品。在 eBay 的產品組織步步高升後，她決定到哈佛商學院攻讀企管碩士學位，然後她在創投（主要是谷歌創投）和科技產品（最近是音樂版權代理公司 Kobalt Music）兩個業界來去自如。

此期間，她投資多家強效產品公司還擔任公司顧問，並且領導過協助女性和少數族群學習寫程式的組織 Code.org。由於她對科技等業界貢獻卓著，近日榮獲了大英帝國勳章。

行動領導力

以下是達根的自述：

在創新驅動的脈絡中，我的領導力哲學可簡化成三大要素：（一）信任與安全（二）自由和自主（三）文化及目的。

信任與安全

領導者不會擁有一切答案，但要會問正確的問題，更重要的是，必須創造人們能夠問對問題的環境。

要做到這點，領導者理當使團隊有安全感。在這樣的環境裡，大家的聰明才智不分高下，彼此能夠相互信任，協作渾然天成，雖然衝突的想法屢見不鮮，但不致使人感到不自在，因為坦率的人在此能安然無恙。

要使團隊不致於對同儕和領導者的構想提出異議而感到不安，理當營造出人們不畏懼失敗的環境，因為挫敗只是疊代過程的一部分。這正是好點子得以成為卓越構想的方式。

這是一個頌揚成長心態、不注重一時的成功環境，而且不斷鼓舞人們鍥而不捨地學習，並且拒絕自認無所不知。藉由激發隊友最好的面向，我們才能發現自己最好的一面。

自由和自主

在以創意為關鍵要素的數位世界裡，公司內外的資料自由流通，而且變化層出不窮，工作本質上也日趨複雜、變幻莫測並不再那麼正式。

因此，組織必須擺脫傳統的層級制度（著重於拔擢部門裡能與大家互動的人），以建立能鼓舞不同技能的人們投入、在公司內外與夥伴和顧客協作的體系。

所以，領導者理當專注於凝聚強效員工，還要給予他們更大的自由，以產生產品創意發想，並透過協作來實現構想。領導者必須闡明團隊應做什麼並要解釋理由，然後放手讓團隊自行決定怎麼完成工作。

領導者要推動團隊，並在團隊陷入困境時指引他們，幫他們排除障礙。這和產品經理的角色功能有相似之處。產品領導者必須和隊友及利害關係人跨功能合作，他必須指導、影響、激勵和信任他們，但絕不能命令他們做任何事情。

領導者要確保，團隊成員擁有動機而且明瞭團隊目的。他應當教練團隊並幫他們發展安全無虞的環境。他要綜覽全局，以額外的資訊、更適切的工具和效能對團隊賦權。

他還要確認團隊擁有實驗和疊代所需的資料，以及根據所學和充足的資訊做出決策。他也應在變動不居的混亂世事中理清頭緒。

文化及目的

優秀的領導者聚焦於文化和目的，因為文化能驅動創新與業績。

組織最大的資本是人才，而人才需要自主和意義方能創新。關鍵要點是，領導者要設定目的以促使組織內外的每個人，包括顧客和夥伴，明白他們的作為將促進什麼樣的目的。

這個目的理應明確、以一貫的訊息來傳達，同時要在公司日常運作的每個層面，從雇用的人員的類型、採用的流程到辦公空間的設計等，

一致地被反映出來。

老字號公司的創新

我在新創公司和老牌公司都運用過上述原則，卻在老字號公司面臨了更多的挑戰，因為他們通常已不再具有創新精神。

老牌公司在傳統科技和複雜流程下苦苦掙扎，而且往往志得意滿地相信，他們在市場長年的領先地位穩固無虞，也高估自身的創新能力。

這時產品領導者的角色，對於公司的存續顯得格外重要。

除非資深領導者了解威脅的真正本質和急迫性，否則即使有改變的必要性，他們也不會有意願承受組織變革的壓力，尤其是在變動會對公司獲利造成短期衝擊的情況下。

這是因為老牌公司要持續創新，就必須徹底改變團隊工作方式、所採用的科技、必要的技能組合、公司文化以及領導者的心態。他們必須從建立信任著手，逐一實踐上述各項原則。領導者一旦取得團隊信任，就不致懼怕無法畢其功於一役時遭遇種種反彈，也更有意願推動變革。

這種信任必須是雙向的。領導者理當對團隊賦權使他們獨立自主，因為多數創新是來自第一線人員，而不是高層主管或董事會。而且重要的是，團隊必須了解為何公司正經歷變革帶來的動盪，以及明白改變的目標和目的。他們需要超越自身的更大的動機。

老字號公司一旦清楚未來仰賴重大、持續的創新，並了解當前沒有這樣的實力，接下來實質上有兩種選擇：藉由併購來促進創新，或是透過自家員工來學習創新。

經由自己人來達成創新，必須在技能、文化、方法和領導方式上有

所改變。這是艱難的事情，需要龐大的投資以及專注的投入。因此，許多老牌公司，尤其是沿用老式系統的公司，往往認為併購比較容易促進創新。

併購的挑戰在於，為了實現併購案的好處，母公司必須把收購的公司深度整合進公司的運作之中。如果這家母公司的領導方式、文化、技能、賦權模式等，沒有因應創新的需求進行改變，將導致收購的團隊離去、創新產品胎死腹中、顧客不再樂見其成，公司最終只會回到原點。

這就是我投注大多數時間和努力，期能幫助公司領導者在必要變革上扮演主導角色的原因。

第10篇

啟發、賦權和轉型

卓越的團隊是由受到啟發並獲得賦權的平凡人組成。

他們受各種構想和方法啟發，能夠迅速評估種種想法，探索可行的解決方案（具有價值、易用性、實行性和商業可行性的解決方案）。

他們被賦權能運用顧客鍾愛且商業上可行的方法化解難題。獲得賦權而產生非凡結果的團隊，並不需要格外優秀的人才。他們需要稱職又有個性、能與隊友等建立必要互信的人。

真正獲得賦權的團隊還需要產品領導者提供策略脈絡，尤其是產品願景和產品策略，以及管理階層的積極支持（主要是持之以恆教練團隊成員）。

雖然這絕不是創新的保證，但我們可藉此實質增進創新的可能性。

第**77**章

有意義的轉型

一旦明白了建立頂尖公司必須做到的事情，接著你必然會問，如何將公司現行工作模式，轉變成開創未來所需的方法。這就是轉型的問題。

轉型成獲得賦權的產品開發團隊的實質意義是什麼？

這先決條件在於，使資深領導者（尤其要從執行長著手）了解科技團隊是關鍵必要的商業賦能者，而不只是經商的必要成本。如果沒有這樣的認知，轉型成功的機率將微乎其微。

假如你的資深領導者清楚這個基本條件，並且願意採取必要行動，接著就可以著手展開工作。在最高階層要採行三大步驟，而且依據一般法則，理應按照下列順序發生：

1. **確保公司擁有強效的產品領導者**。沒有強效產品領導者，我們難以招募和教練必要的團隊成員，也不會有牢靠的產品策略，而且無法贏得公司領導人和利害關係人的信任。因此，這是首要也最關鍵的步驟，也是本書的首要主題。
2. **必須使強效的產品領導者具備，為團隊攬才和促進人才發展的能**

力。這意味著，要提高產品經理的標準，但遠不只是這樣。你不需要同時拉高整個團隊成員的水準，只要確認團隊成員有能力完成產品開發任務。

3. **當團隊準備好運作賦權模式時，必須重新界定團隊與公司的關係**。請記得，在功能開發團隊模式中，利害關係人是主要管控者，而且功能開發團隊從屬於公司。然而在獲得賦權的產品開發團隊模式裡，團隊是公司的實質夥伴，透過協作提出顧客鍾愛且商業上可行的解決方案。

這種改變代表，團隊和組織領導者彼此要相互妥協。在轉型這件事上，我們其實是要求全整為了信念放手一搏。轉型對他們的好處在於，改變向來不是極有效益的老派工作方法，所以他們多半願意試一試。

在大型組織，這種轉型會對公司財務、人力資源、銷售、行銷和幾乎所有層面帶來許多影響。這個主題要留待另一本書來探討。

深入閱讀｜轉型的代價

整個關於「獲得賦權產品開發團隊 vs. 功能開發團隊」的主題，最弔詭的事情之一是，獲得賦權的產品開發團隊的人事和資金等成本，一般顯著低於功能開發團隊的成本。

事實上，我從未見過比大型公司採用功能開發團隊更虛耗資

源的事。大公司如果將重大工程部分委外尤其浪費。我們常見老牌大公司每年簽合約，把工作以數千萬美元外包給數以千計的工程師，而這正是名副其實的傭兵團隊。

大公司往往認為這樣可以省錢，因為他們只看個別工程師的總成本，而沒有意識到他們實際上需要很多工程師，還需要許多人來管理數量龐大的工程師。

然而，規模小很多的真正傳教士團隊的表現，通常比這類龐大又昂貴的傭兵團隊出色很多。此外，公司的未來仰賴創新，而外包模式難以帶來創新。

在獲得賦權的產品開發團隊模式中，我們確實支付給必要的較高層級人才更多薪酬，但團隊成員人數實質上不多，而且日常的管理開支也顯著較少。

不少公司的財務長對這個論點存疑，因此我建議他們就此進行測試。比如說，挑選一個商業領域，比較一下現行模式與獲得賦權的產品開發團隊模式，在接下來幾個季度商業成果和成本方面的差別。

第78章

立竿見影

討論完有意義的轉型所涉及的要項之後，你可能想知道，經歷轉型的強效產品組織究竟是何種景況。

我將分享矽谷產品團隊公司夥伴喬恩・摩爾（Jon Moore）的一則故事，以回答你心中的疑問。根據摩爾在英國倫敦《衛報》（*Guardian*）的親身經驗，是我所知最引人入勝的轉型典範之一：

賈伯斯於 2007 年 6 月發表 iPhone 這個，當時功能仍有限、卻非常直覺而易用的智慧型手機，從此永遠改變了科技業界。對於所有企業來說，一個革命性的變革時代啟動了，而英國《衛報》的相應變化更是無與倫比。在當時的總編輯艾倫・羅斯布里奇（Alan Rusbridger）掌舵下，《衛報》堪稱全球最具雄心壯志的數位化紙媒。

但《衛報》那時也處於危機之中。報社近兩百年來首次面臨了未來堪虞的險境，不但廣告驟減，而且幾乎其他營收來源也被新興、更出色且數位優先的對手蠶食鯨吞。

在世界各地報紙著手採行線上訂閱模式之際，《衛報》選擇了另類、

有抱負但也冒險的策略：線上電子報持續免費。那時《衛報》上下傳遞著「築牆永難得到好結果」這樣的訊息。

這個決策是奠基於一項信念：鑑於報紙訂閱戶紛紛改看線上免費內容，若《衛報》築起付費牆（paywall），進步派的社論內容將在牆後消失殆盡。此決策帶來了一些後果，但我全心全意地給予支持，因為我相信，進步但屬於小眾的同溫層效應永難改變世界。我們首先必須擴大觸及面，然後才能創造營收。

《衛報》是傳統媒體界最引人注目的產品與科技組織，而我加入報社時境況就如前面所述。報社引進了許多來自雄心勃勃的新創公司、谷歌或微軟的人才，他們過去也像我一樣，曾在知名媒體擴張時期體驗過成功的滋味。我們都深切渴望能確保《衛報》這個，全球最令人振奮的重要媒體品牌可長可久。

然而，智慧型科技人才快速湧入，使得《衛報》的文化陷入混亂狀態。《衛報》長年建立的品牌識別度因而面臨威脅。正如眾多快速轉型的組織，《衛報》的工作環境變得令人困惑，甚至使人容易動怒。

許多資深記者和編輯對新同事存有疑慮。大家對新工作模式產生疏離感，以致意欲開創新局的渴望遭逢挫折。雖然沒人公開承認，但我們的動機確實時常遭受質疑。

我的職責是創造和執行行動裝置策略。在這令人激動的時期，那是一項高難度的挑戰。當時的數位總監麥克・布雷肯（Mike Bracken）創建了一個卓越的團隊（他後來參與英國政府數位轉型過程，實質推進了產品管理）。

我進團隊後帶頭與蘋果公司密切聯繫，並完成了《衛報》第一個

iPhone 應用程式。我們的小團隊全力確保這個程式，善用當時革命性的 iPhone 觸控螢幕，因此格外注重照片呈現出來的質感。

我們以 iPhone 為基礎的革新技術，使用戶即使不開啟應用程式，也能立即將最重要和最熱門的內容下載到手機。我們期望這應用程式對用戶有幫助，即使在手機訊號不穩定或全然無訊號的情況下（這在 2007 年那時經常發生）也不例外。

這款應用程式在蘋果應用程式商店上架後大受歡迎。幾週之內就有數十萬人次下載，而且很快就達到數百萬人次。大多數下載者是新的國際用戶，顯然蘋果新產品生態系統催化了《衛報》的全球觸及率。應用程式的品質與《衛報》世界級的新聞專業相得益彰，這在顧客回饋意見中顯而易見。因此，蘋果公司樂意於在地和全球的行銷活動中，展示《衛報》的應用程式，而且泰半放在廣告裡顯眼位置。

多數競爭對手發行的應用程式，基本上是先進的簡易供稿機制（RSS）閱覽軟體，而我們則全力擁抱觸控螢幕帶來的五花八門可能性。對蘋果公司來說，只是這樣還不夠。他們真正尋求的是，能充分領略蘋果各項工具並善加利用以促進顧客體驗的夥伴。

當時我身為《衛報》主導的產品經理，很清楚要贏得真正的成功，必須在鴻溝日深的編輯和科技兩團隊間扮演橋樑角色。當誠信和動機受人質疑時，傳遞產品福音顯得格外重要。科技上任何值得去做的事，往往會強勢挑戰現狀，這在《衛報》的轉型上也確實應驗。

我和資深編輯在數個月期間開了無數會議和展示會，並一再強調一旦轉型成功，《衛報》的精彩內容將擄獲更多眼球，從而使報社獲利。我的職責在於，從方興未艾的新流通管道取得最大的觸及率。為達成目

標，我必須打造出世界級產品，以呈現《衛報》無可挑剔的世界級內容。

我在《衛報》任職初期做出了一些成果後，科技業界又經歷了一次典範轉移。賈伯斯在 2010 年 1 月底正式宣布，蘋果將推出 iPad 這個新平板裝置。

我於隔天接獲蘋果公司總部來電告知，「賈伯斯喜愛你們利用 iPhone 做的事情。我們樂見你們推出 iPad 版應用程式。順便一提，賈伯斯計畫在 iPad 發表會上展示一些他最愛的應用程式。」

這顯然是大好消息，但突如其來的難題接踵而至：「iPad 版應用程式必須在三月最後一週交給我們。」蘋果給我們的交付程式時間只略多於七週。這是個重大難題。我們重新設計 iPhone 版程式，大幅增添許多功能，但並不是一切都能移植到 iPad 上。

從一開始，我們面臨的最大風險是實行性風險。在密集探索了一兩天之後，我們明白要使 iPad 版應用程式在期限內，達到 iPhone 版那樣卓越的程度，是不可能的事。我們的時間不夠充足。由於品質不容降低，我們必須快速為 iPad 打造另一個應用程式。

我確切知道應從哪裡著手。先前，我曾決定在 iPhone 發表會上把照片集擺在《衛報》應用程式首頁中央位置。很顯然，我們可以將嶄新的 iPad 看成世上最引人注目（也最昂貴）的數位相框。我們做的定性和定量資料分析都顯示了，強調這點不失為好策略。

照片集向來是《衛報》最受歡迎的內容之一，一直為我們帶來了高點閱率以及正向的顧客回饋。當時我們沒有時間收集進一步的證據。新產品將特意聚焦於新聞攝影，並且按照時間先後順利排列，而收羅範圍也加以細分。

我們獲得賦權的產品開發團隊只有 5 個人，分別是 1 位產品經理、1 名產品設計師，以及 3 位工程師。我有必要確保團隊專注於，能盡快打造出來的應用程式，然後依靠快速疊代使程式盡可能完善。

　　白板上的概念於數日內轉變成了用於測試顧客端的原型。我們每天以一張加上少許細節描寫的典藏照片來呈現重要的世界性事件，而圖說也凸顯相片背後的故事以及它是如何拍攝。

　　這使我們獲得了盛大的贊助，也證明應用程式有獲利能力。我們將逐漸建立一個令人驚嘆的照片庫，收錄全球最吸睛的攝影作品。我們預料，只要做得夠好，將可創造出世界首款、同時也是最好的數位「咖啡桌」（coffee table）應用程式。

　　我當然要和報社攝影團隊建立交情。當時這個團隊是由優秀的攝影師羅傑・托特（Roger Tooth）領導，他具有難以置信的耐心，也非常樂意為成功機率有限的計畫奉獻時間和資源。

　　鑒於時間緊迫，一切都得快速推進。在我與設計師專注於原型疊代過程時，三位工程師忙著構想系統和各項服務的細節，以確保前後一致的內容傳遞。

　　我們面對的另一關鍵挑戰是手上沒有 iPad。我們看過 iPad，但沒有實際操作的機會。因此，我們頗有創意地利用紙板和筆記型電腦螢幕，製作了一些結合軟體和硬體的有趣原型。雖然是基本的原型，依然使我們得以極快速地進行疊代。

　　在陸續處理價值、實行性和易用性風險後，僅剩令人頗為擔心的商業可行性風險。在那時，只有極少數資深利害關係人知道我們正進行的事情。我很早就刻意決定（不是草率決定）這麼做。我和科技總監及總

編輯達成協議，同意為了充分利用這次機會，必須以非比尋常的速度推進工作。我們可以等事成後再向沒事先知會的人致歉。

當產品打造過程進入收尾階段，我逐漸有了信心，於是道歉的時機成熟了。雖然總編輯對我沒讓更多資深編輯參與表示關切，但他看過原型之後，對我的支持始終未曾動搖。

我也獲得攝影團隊強烈擁護。托特對攝影藝術的熱情和知識令我印象深刻。我特意為他製作了一段短片放進應用程式裡。

總編輯長年篤信科技的力量，當他覺得該讓公司最高層充分了解我們的工作時，邀請了我向集團董事會簡報我們的應用程式。當時英國媒體和科技業界最傑出人士與好手齊聚一堂，其中更有一位特別友好的人，那就是曾任蘋果和微軟高層主管的茉蒂·吉普森。

我先前曾在一家創投基金成立的新創公司為她效力。當年她是（如今仍是）很優秀的外部導師。展示完後，她立刻發言肯定我們的應用程式，並為這場展示會定了調：「真的非常出色，很令人驚喜，你是用什麼方法如此快速辦到的？」她這番話使得後來的事情進展格外平順。我們隔天就交付程式給蘋果公司核可。

一如預料，蘋果方面沒有回覆我們（和他們對話往往讓人覺得像是在暗巷裡大喊大叫）。不過，當賈伯斯於兩週後站上台發表 iPad 時，很快就談到他最喜愛的幾款應用程式。他略過了一些著名的美國品牌。

他說，「我們有很多新聞應用程式，《紐約時報》（New York Times）、《時代雜誌》（Time）、《華爾街日報》（Wall Street Journal）、《今日美國報》（USA Today），」然後他停下來並後退一步，接著轉頭看著台上呈現的巨幅「衛報目擊者」（Guardian Eyewitness）軟

體畫面。「這是很酷的應用程式，」他繼續說道，「衛報目擊者，以照片而不是純文字來告訴我們一天發生的事情。這真的很棒。」

幾乎所有關心科技的人都看過那場發表會。我們的程式就像 iPhone 版那樣，上市後即廣受歡迎，雖然程式因 iPad 銷售比不上 iPhone 而沒有那麼多用戶，但在許多方面卻更出色。

拜內容本質（適合全家觀賞的迷人照片）所賜，我們無意間創造了堪稱完美的應用程式，以展示 iPad 在那時具革命性意義的螢幕技術。蘋果更因此在早期各項行銷活動中，積極展示衛報目擊者軟體。將近一整年，幾乎蘋果每賣出一台 iPad，衛報目擊者用戶就會增加一人。

我們身歷其境證明了，高品質新聞攝影結合創新的數位體驗，能為《衛報》帶來數以百萬計新顧客。但更重要的，可能是我們讓世人看清，《衛報》不但以社論引領世界，在數位化上也足為全球表率。《衛報》現今營收已接近持續正成長，這重大的一步將保障，強大的全球進步力量得以在未來數個世代持續發聲。

我期望《衛報》歷久不衰。

第79章

脫胎換骨

矽谷產品團隊夥伴麗雅・希克曼（Lea Hickman）將出版《轉型》（*TRANSFORMED*），是我們的系列叢書之一。這部著作處理非常棘手，但具關鍵重要性的轉型主題。以下是希克曼對寫作動機和書中主題的陳述：

世面上已有許多關於數位轉型的書，而曾試圖轉型卻徒勞無功的組織數量卻多過這類書籍。

那麼，為何我的書與眾不同？為何你讀過後可望在公司轉型上獲得成功？

從我在眾多公司任職和在 Adobe 公司的第一手經驗（該公司完成了科技史上最著名且財務上成功的轉型），我可以告訴各位，不是所有公司全都能從轉型獲益。事實上，多數公司並沒有意願做出必要的轉變。

多數組織只狹隘專注於改變產品開發方法，而不更廣泛的尋求為顧客創造和交付價值的轉型。他們認為，可依靠某些各自獨立運作的「轉型團體」，或是仰賴研發者採行敏捷式開發方法。

我打造產品二十五年後加入了矽谷產品團隊，在那裡與世界各地眾多產品組織合作，也見識各式各樣的行為，因而眼界大開。我的合作對象是世界級的產品領導者，他們了解使產品組織產生實質成果的方法。領導他們的人更具備引領、管理和教練的能力，並能有效和全公司同事建立夥伴關係。

其他組織的領導者可能熟悉產品的機制，卻沒能力建構所需團隊來交付必要成果，以及影響組織其他成員。他們的團隊主要被視為科技團隊，而且被認定為必要的（有時甚至不是那麼有必要的）開支項目。

我與他們合作時可以預料會發生什麼事，因而深感問題很棘手。是的，他們可以漸進改善，卻難以全盤發揮潛能。如果一家公司意圖拉高產品組織的水平，他們應該用不一樣的思維看待產品經理。

與其只是將產品視為組織的一部分，他們理應把產品視同組織。我說的不是權力結構或組織結構，而是說產品理當驅動組織的價值而非功能開發工廠。

當我幫這類組織處理事情時，學到的另一個課題是，如果高層管理團隊不參與產品運作模式，轉型成功的機率將微乎其微。我發現更重要的是，高層主管團隊必須了解產品組織，而且要懂得用術語和產品組織打交道。

我觀察到高層主管們有一些主要的特點。特定的高層主管具備推動必要變革的技能和人格特質，其他人卻沒有。領導者的行為是組織轉型、建立產品文化的成敗關鍵。

關於矽谷產品團隊，最讓我引以為傲的事情之一是，我們在現實世界裡運作，不講象牙塔裡的學問或高談理論。我們專注於已確認可行的

方法。我們都有數十年打造產品的經驗。我們都經歷過成功和挫敗。我們都擔任過產品組織的個別貢獻者和資深領導者。我們都參與過大規模轉型案,而我將在書中分享相關經驗。

我的書旨在,幫你於轉型過程中面對各種挑戰和陷阱時,找出能獲得成效的方法。

我的著作直截了當且直言不諱,就像我對每個顧客說的那樣,你可能不會喜歡我即將說的話,但我將誠實告知你必須知道的事情。凱根在我職涯初期也教過我這些道理。當我們參與 Adobe 的轉型過程時,凱根也給了我一些逆耳忠言,而那些回饋意見形成了促使整個 Adobe 公司轉變的基礎。

第 **80** 章

重中之重

一家公司最重要的一件事情，是擁有獲得賦權的工程師。

——比爾·坎貝爾

在這趟學習團隊賦權的旅程中，如果必須選出一個期許大家銘記在心的概念，那將是獲得賦權的工程師這個理念。

當然，我並不是說這就是所需的一切，畢竟非凡的產品始終來自產品開發團隊。但我相信，獲得賦權的工程師是最重要的一個構成要素。這個理念原本可成為全書主要架構。

我解釋過，工程師是創新的最佳來源。他們每天應用賦能科技，因此占據了看清當前可能性的最佳位置。

產品願景的用意是要吸引和啟發工程師。**產品策略**則是要確保，工程師專注於解決最主要的問題。**團隊目標**向工程師明確陳述，應解決的問題和謀求的結果。**產品經理**和**產品設計師**提供商業可行性，以及顧客體驗方面的關鍵性限制。至於**用戶研究**與**資料科學**提供工程師關鍵的洞見。

我要非常明確地指出，只是單純讓工程師決定如何寫程式來解決問題，並不符合賦權的定義，他們還必須決定如何執行解決方案。賦權的意思也不是讓工程師決定架構。但他們確實必須具備這方面的能力。

對工程師賦權的意思是，提供給他們待解問題和策略脈絡，使他們能夠讓科技發揮槓桿作用，促成最佳解決方案。

如果你的工程師是在衝刺規畫會議首次聽聞產品構想，那麼你的團隊很顯然是功能開發團隊，而且你的工程師沒有獲得任何有意義的賦權。這是分辨你是否擁有獲得賦權的工程師一個簡易的方法。

如果你只讓工程師寫程式，那麼只會得到他們大約一半的價值。強效的科技產品公司除非先把執行長的功能外包，否則不會將工程師的業務委外。最優秀的科技產品公司都深明這個道理。這些公司擁有雙軌制的職涯階梯自有原因，他們頂尖工程師的薪酬往往相當於副總裁。

觀察一家公司的工程師，最能輕易分辨這家公司擁有的是傳教士團隊，還是傭兵團隊。

請留意，我不是建議你給予工程師顯要地位。他們只是像其他員工那樣的平凡人。我是想期勉大家，給予他們如同產品開發團隊一等成員那般的應得待遇。

請考慮我的建言，因為獲得賦權的團隊裡，工程師可能帶來突破性創新。我必須提醒你，產品經理對此多半會有所抗拒。他們常說：「我的工程師除了寫程式之外，對任何事都沒興趣。」這是不了解團隊賦權的人最常使用的藉口。我聽過無數這種託辭，而且通常是在產品經理或設計師向我解釋，為何工程師不參與產品探索的場合。

我承認有時這是實情（這部分留待後面再來討論），但根據我的經

驗，這其實是例外的狀況。每當我聽到那樣的藉口，總會直接找工程師問清楚。工程師也往往不認同這種說法。事實上，我最常聽到工程師抱怨，他們總是在時機錯過後才被找去參與產品探索，而且還被迫幫忙善後。

最常見的是，產品經理不想讓工程師參與產品探索，只想讓他們寫程式。在這種情況下，問題就是出在產品經理想法太像專案經理，而不是像產品經理那樣思考問題。他如果不是只聽自己想聽的話，就是不夠關心以致不問別人的看法。

無論如何，有時工程師會說自己真的不在意產品探索。他們寧願寫程式，對於要打造什麼產品沒有意見。在這種情況下，我會問他們最近一次親自拜會客戶是在何時，而答案通常是「很久以前」或是「從未拜訪過」。

有時工程師除了寫程式之外，完全不想做其他任何事情。這時我會向工程領導者指出，他的工程師是傭兵而不是傳教士，並說明他理當提高工程師雇用標準。至少，他要為每個產品開發團隊找到真正適任的技術主管，而且使他們明白，產品探索是他們的重責大任之一。

身為產品領導者若能做到這些，在運用科技和對團隊賦權方面都將得心應手，並獲得持續創新的實質機會。

第81章

終點

在本書開頭我講述了各家公司常見的情況。至此已探討完公司轉型必須完成的工作。接下來，我再整理一下重點，並指出期望轉型能帶領你走向何處。

科技的角色

公司必須了解賦能科技在商業上關鍵且基本的角色，以及能提供給顧客的體驗。當你發現新科技可能對公司有所助益，應立即指派工程師去學習，並考量新科技能如何為顧客解決問題。這遠超越運用科技來提升營運效能。科技使你能夠重新思考各種可能性，以及重新想像現有事業的每個層面。

新科技使你把產品經理、產品設計師、工程師和資料科學家視為公司的絕對核心。除非先把高層主管職務外包，否則你不會將核心人員的功能委外。

教練

你發展並擁獲的公司文化著重於教練部屬。每個產品開發團隊成員，至少要有一位管理者致力於協助他們發揮潛能。你的公司享有盛名，因為尋常員工既勝任又性格良好，而且發展成為非凡的產品開發團隊成員。

人員配置

公司的管理者明白他們肩負著親自招募人才、確保面試和錄用流程嚴謹的職責，也願意負責新進人員入職培訓，以確保他們獲得成功。

產品願景

公司擁有啟發人心且扣人心弦的產品願景，團結各團隊為了對顧客有意義的共同目的而奮鬥。這個願景可能需時三到十年才能全面實現，而你們必須堅持不懈為落實願景，逐季推進工作。

團隊拓樸結構

團隊拓樸結構旨在優化團隊，賦權他們獨立自主。具實質主導權的產品開發團隊成員都很清楚，自身是公司整體有意義的一部分。他們也了解何時應與其他團隊協作，解決更重大的問題。

產品策略

產品策略專注於各式洞見所驅動的最重要目標，而這些洞見都來自資料分析以及與顧客的持續互動。你因具備產品策略而清楚，團隊必須

解決哪些最有影響力的問題。

團隊目標

具有團隊目標的特定團隊，被指派去處理那些待解的問題。接著，各團隊運用產品探索方法，構思能確切解決問題的策略，然後打造產品使其上市。

團隊和公司的關係

產品開發團隊和公司領導者及利害關係人之間，既相互尊重又彼此真正協作。團隊與利害關係人密切合作，提出顧客鍾愛且商業上可行的解決方案。他們都明白並擁獲這個道理。

獲得賦權的團隊

最重要的是，產品開發團隊被賦權想出最佳解決方案，並對結果負責。工程師不斷摸索新科技的運用新方法，更完善化解顧客的問題。設計師持續致力提供不可或缺的顧客體驗。產品經理負責為解決方案確立價值和商業可行性。

各團隊受到鼓舞，成員因為能與技能高超的同事協作、共同解決有意義的難題而感到自豪。

我講述的這些事情並不容易做到。你始終會面臨覬覦你客戶的競爭對手，但做好這些事之後，你不僅有了反擊能力，還能持續為顧客推陳出新，並從而成長茁壯。

結語

　　我深切期望，眾多未曾受過嚴格教練的產品領導者，從本書獲得了能提升技能和水準的資源，並且得以提高部屬的能力等級。

　　此外，我尤其希望下個世代的產品領導者閱讀本書，從而了解自己勢在必行的事情，好成為員工和公司值得擁有的領導人才。

　　我期許你們成為不同凡響的產品領導者。

　　我也冀望你們的公司懂得人盡其才之道。

　　最後，我期勉各位大顯身手。

謝辭

本書是根據，近四十年專注奉獻於科技產品與服務的職涯而學到的課題寫成。這一路走來，我受到無數人們潛移默化。

眾多管理者和領導人投注時間，盡力教練和發展我的技能，並且向我展現了真正強大的領導力。

許多工程、設計和產品領域的同事教我明白了，在強效產品開發團隊工作的實質意義。

還有諸多公司邀請我和他們的團隊舉行座談、向他們分享所學，這一切對於我建立強效團隊和公司相關知識助益良多。

我仰慕和敬佩卓越的領導者，產品探索教練的洞見也使我獲益匪淺。他們分別是霍莉·赫斯特 - 賴利（Holly Hester-Reilly）、泰蕾莎·托雷斯、蓋布里亞·巴布朗（Gabrielle Buffrem）、派翠·威爾（Petra Wille）、菲利培·卡斯特羅。以上每一位都在書中各項主題上投注了時間與努力，使本書值得展讀。

我也要感謝每位允許我在書裡側寫她們的領導者們：黛比·梅瑞迪斯、奧黛麗·可瑞恩、克麗絲汀娜·渥德科、艾波·安德伍、茱蒂·吉

普森、艾維德‧拉利查德‧達根、麗莎‧卡凡勞夫、馬珊琳。她們都是渴望照耀其他人的非凡領導者。我滿心感激她們同意讓我帶領讀者一窺其領導風格。

我還要向長年合作的編輯彼得‧伊科密（Peter Economy）和 John Wiley & Sons 出版社，尤其是向理查‧納拉莫爾（Richard Narramore）致謝。

最後，我要感謝矽谷產品團隊公司合夥人，首先是我的共同作者克里斯‧瓊斯，接著是馬蒂娜‧羅琛科、麗雅‧希克曼、克里斯提安‧伊蒂歐迪、喬恩‧摩爾。他們都是實實在在的夥伴，更是全球業界的頂尖好手，每一位都對本書貢獻良多。能結識他們並成為同事，我深深引以為榮。

馬提‧凱根，2020 年 6 月

關於書中各主題的觀點，我受到 Vontu 公司這些領導者潛移默化：約瑟夫‧安薩內利（Joseph Ansanelli）、麥克‧沃爾夫（Michael Wolfe）、道格‧坎普約翰（Doug Camplejohn）、史蒂夫‧羅普（Steve Roop）、約翰‧唐納利（John Donnelly）、肯‧金（Ken Kim）、瑪吉‧麥德-克拉克（Margie Mader-Clark）。他們全都言行一致，使我明白了真正的領導力和專注的團隊能成就的事情。我依然記得麥克‧沃爾夫對我說，「請記住我的話，你接下來的職涯將會努力重新創造這些話。」我確實銘記在心了。

我也要感謝多年來共事過的團隊。我何其有幸能和這些傑出的隊友們合作。在此無法一一列舉他們的名字，我特別要向瑞‧丹利克（Rich Dandliker）、布魯諾‧伯格（Bruno Bergher）、喬恩‧斯托爾（Jon Stull）、德瑞克‧哈勒地（Derek Halliday）、亞歷克斯‧波維（Alex Bovee）、艾恩‧曼德爾（Ayan Mandel）、陳順（音譯 Shun Chen）、康納‧奧格哈萊格（Conall O'Raghallaigh）致謝。你們以各自的方式惠我良多。我職涯裡最珍貴的記憶就是與你們協作。

我還要謝謝矽谷產品團隊公司全體夥伴：瑪蒂娜、莉亞、克里斯提安、強納森。這真的是一個多元異質的卓越團隊。我每天都從你們身上學到許多事情。我特別要向瑪蒂娜致意，她不只是我在矽谷產品團隊公司的合夥人，也是我的人生伴侶。瑪蒂娜以最出色的方式當我的後盾，更鞭策了我的種種想法。

最後，我要向凱根表達最誠摯的謝意，因為他信任並帶領我加入矽谷產品團隊公司成為合夥人。我不斷從凱根學到許多事情，並且非常珍惜我們在各方面的協作關係。我對凱根滿懷感激！

克里斯‧瓊斯，2020 年 6 月

延伸資訊

　　矽谷產品團隊公司透過免費開放原始碼網站（https://svpg.com/），向網友分享最新的想法，以及在科技產品世界的學習成果。

　　公司偶爾也為產品經理、產品團隊和產品領導者舉辦密集的線上和面對面工作坊（通常在舊金山、紐約和倫敦）。我們的目標是分享最新學習成果和提供關鍵的職涯經驗（請參閱 https://svpg.com/workshops/）

　　我們也提供為客戶量身訂製的培訓課程，以幫助有必要轉型的公司產製具競爭力的科技產品。

矽谷最夯‧產品專案領導力全書
平凡團隊晉升一流團隊的 81 堂領導實踐課
Empowered: Ordinary People, Extraordinary Products

作者	馬提‧凱根（Marty Cagan）、克里斯‧瓊斯（Chris Jones）
譯者	陳文和
商周集團榮譽發行人	金惟純
商周集團執行長	郭奕伶
視覺顧問	陳栩椿

商業周刊出版部

總編輯	余幸娟
責任編輯	潘玫均
封面設計	林芷伊
內頁排版	点泛視覺設計工作室
出版發行	城邦文化事業股份有限公司 商業周刊
地址	104 台北市中山區民生東路二段 141 號 4 樓
傳真服務	（02）2503-6989
劃撥帳號	50003033
戶名	英屬蓋曼群島商家庭傳媒股份有限公司城邦分公司
網站	www.businessweekly.com.tw
香港發行所	城邦（香港）出版集團有限公司
	香港灣仔駱克道 193 號東超商業中心 1 樓
	電話：(852)25086231　傳真：(852)25789337
	E-mail：hkcite@biznetvigator.com
製版印刷	中原造像股份有限公司
總經銷	聯合發行股份有限公司　電話：(02) 2917-8022
初版 1 刷	2021 年 5 月
定價	560 元
ISBN	978-986-5519-40-7

國家圖書館出版品預行編目 (CIP) 資料

矽谷最夯‧產品專案領導力全書：平凡團隊晉升一流團
隊的 81 堂領導實踐課 / 馬提. 凱根 (Marty Cagan), 克里斯 .
瓊斯 (Chris Jones) 著 ; 陳文和譯 . -- 初版 . -- 臺北市 : 城邦
文化事業股份有限公司商業周刊, 2021.05

面；　公分

譯自：Empowered : ordinary people, extraordinary products

ISBN 978-986-5519-40-7(平裝)

1. 商品管理 2. 專案管理
496.1   110004517

藍學堂

學習·奇趣·輕鬆讀